▲ 山核桃

▼ 铁皮石斛椴木栽培

▲ 植物造型

▶ 香榧林

▲ 普陀樟果

▼ 多花黄精

▲ '红颜朱砂'梅花

◀ '太秋'结果枝

林业技术推广实用手册(2022版)

——"千万亩森林质量精准提升"技术指导用书

浙江省林业技术推广总站◎组编

浙江科学技术出版社

版权所有　侵权必究

图书在版编目（CIP）数据

林业技术推广实用手册：2022版："千万亩森林质量精准提升"技术指导用书 / 浙江省林业技术推广总站组织编写. — 杭州：浙江科学技术出版社，2022.12

ISBN 978-7-5739-0394-5

Ⅰ. ①林… Ⅱ. ①浙… Ⅲ. ①林业－技术推广－手册 Ⅳ. ①S7-62

中国版本图书馆CIP数据核字（2022）第227937号

书　　名	林业技术推广实用手册（2022版）——"千万亩森林质量精准提升"技术指导用书
组　　编	浙江省林业技术推广总站

出版发行	浙江科学技术出版社		
	杭州市体育场路347号		
	编辑部电话：0571-85152719	邮政编码：310006	
	网址：www.zkpress.com	销售部电话：0571-85176040	
		E-mail: zkpress@zkpress.com	
排　　版	杭州万方图书有限公司	印　　刷	浙江新华数码印务有限公司
开　　本	880mm×1230mm　1/32	印　　张	5.25
字　　数	132千字	插　　页	2
版　　次	2022年12月第1版	印　　次	2022年12月第1次印刷
书　　号	ISBN 978-7-5739-0394-5	定　　价	35.00元

责任编辑	詹　喜	**文字编辑**	周乔俐	**责任校对**	陈宇珊
责任美编	金　晖	**责任印务**	叶文炀		

《林业技术推广实用手册（2022版）——"千万亩森林质量精准提升"技术指导用书》编辑委员会

主　编　柳新红　张　骏　冯博杰

副主编　徐翠霞　王宗星　高鹏芳　谢运海

编　者（按姓氏笔画排序）

　　　　　王志安　刘青华　许建秀　孙崇波　何　祯　张晓勉　郑　坚
　　　　　胡秋涛　姚　霞　贾巧君　翁　翊　高佳钰　黄玉洁　黄华宏

组　编　浙江省林业技术推广总站

前言

习近平总书记在党的二十大报告中强调:"必须坚持科技是第一生产力、人才是第一资源、创新是第一动力,深入实施科教兴国战略、人才强国战略、创新驱动发展战略,开辟发展新领域新赛道,不断塑造发展新动能新优势。"林业技术推广作为我省林业现代化建设的一项重要环节,离不开科技创新和人才支撑。近年来,我省始终坚持以习近平新时代中国特色社会主义思想为指导,深入实施创新驱动发展战略和乡村振兴战略,以建设高质量生态林业、高效益富民林业为目标,加快推动林业科技成果转移转化,不断完善林技推广队伍建设,持续加大林业新知识、新技术培训力度,稳步推进林业科学普及,"一亩山万元钱"科技富民、林业乡土专家培育、林业科技周等工作成为国家林业科技推广的"金字招牌",较好地走出了一条"绿水青山就是金山银山"的现代林业发展路子。

为加快林业先进实用技术的普及和推广应用,进一步提高全省林技推广队伍的推广服务能力,满足新形势下新型林业经营主体和广大林农的科技服务需求,浙江省林业技术推广总站组织专家编写了《林业技术推广实用手册（2022版）——"千万亩森林质量精准提升"技术指导用书》。

本书具有以下特点：一是内容丰富，方便携带。本书涵盖了林业政策法规、良种良法、实用机械、专家通讯录等内容，且方便随身携带，可以满足不同林业从业人群的需求。二是文字精练，更接地气。书中选择性地对政策法规重点关注条款、良种良法关键信息进行摘录，简洁明了，通俗易懂，且非常贴近农民生产实际所需。三是实用性强，受众面广。从林农需求出发，本书搜集了全省林业科研院校有关专家、省级林业乡土专家通信信息，便于林农在林业生产过程中遇到困难可以随时与专家沟通联系。

本书分为政策法规篇、林木良种篇、林业良法篇、林业机械篇以及科研院校和乡土专家通讯录五个篇章，是基层林技人员掌握林业基本知识、熟悉林业政策法规、学习林业科学技术等的教科书，也是指导林农林业生产、满足林农实际技术需求的工具书，同时也是为基层政府谋划林业产业发展、提供决策参考的指导用书。

本书在编写过程中，得到了林业科研院校（所）、各地林业主管部门和有关企业的大力支持，特别是在收集资料时，全省各级林业主管部门给予了很大支持和帮助，在此一并表示衷心感谢！

本书内容涵盖面广，虽经反复修改，但由于编著水平有限，书中难免存在不足之处，恳请读者朋友批评指正。

编　者

2022年10月

第一章 政策法规篇 ... 1

第一节 林业限制类政策 ... 2
一、禁止类行为 ... 2
二、许可类行为 ... 6

第二节 林业领域管理类政策 ... 8

第三节 林业领域优惠类政策 ... 14
一、《中央财政林业补助资金管理办法》部分条款摘录 ... 14
二、《浙江省省级林业重点龙头企业认定和监测管理办法》部分条款摘录 ... 15
三、《浙江省林业局关于支持工商资本"上山入林"投资林业产业的若干意见》部分条款摘录 ... 17
四、《关于加快完善培育支持新型农业经营主体政策体系的实施意见》部分条款摘录 ... 18
五、《关于加快推进森林康养产业发展的意见》部分条款摘录 ... 19
六、《浙江省林业局关于支持山区 26 县跨越式高质量发展的意见》部分条款摘录 ... 20
七、《全省"千村万元"林下经济增收帮扶工程实施方案（2021—2025 年）》部分条款摘录 ... 22

第二章　林木良种篇 25

第一节　林中寻宝——可食用林产品 26
一、树果篇 26
二、食药菌篇 42

第二节　栽花种树——可观赏花木 46
一、花开四季（彩色观花观果观叶树种） 46
二、玉树临风（珍贵用材生态林木） 61

第三章　林业良法篇 69

第一节　种质资源创新及高效栽培技术 70
第二节　人工林培育及经营技术 89
第三节　生态修复与病虫害防治技术 95
第四节　林下复合经营技术 104
第五节　林产化学与加工技术 111

第四章　林业机械篇 ··· 119
第一节　室外设备 ·· 120
第二节　室内加工设备 ·· 127

第五章　科研院校和乡土专家通讯录 ··· 129

第一章 政策法规篇

第一节 林业限制类政策

林业限制类法律、政策包括禁止实施的行为和经过审批才能实施的行为。

一、禁止类行为

禁止类行为详见表1-1。

表1-1 禁止行为一览表

行为内容	法律依据	违法后果
禁止毁林开垦、采石、采砂、采土以及其他毁坏林木和林地的行为	《中华人民共和国森林法》第三十九条第一款	开垦、采石、采砂、采土或其他活动,造成林木毁坏的,限期补种,可以处毁坏林木价值五倍以下的罚款;造成林地毁坏的,限期恢复植被和林业生产条件,可以处恢复植被和林业生产条件所需费用三倍以下罚款,情节严重构成犯罪的,依法追究刑事责任
禁止擅自移动或者损坏森林保护标志	《中华人民共和国森林法》第三十九条第四款	擅自移动或者毁坏森林保护标志的,由县级林业主管部门恢复森林保护标志,所需费用由违法者承担

续表

行为内容	法律依据	违法后果
禁止猎捕、杀害国家重点保护野生动物	《中华人民共和国野生动物保护法》第二十一条	在相关自然保护区域、禁猎区、禁猎期猎捕国家重点保护野生动物，未取得特许猎捕证，未按照特许猎捕证规定猎捕、杀害国家重点保护野生动物，或使用禁用的工具、方法猎捕国家重点保护野生动物的，没收猎获物、猎捕工具和违法所得，吊销特许猎捕证，并处猎获物价值二倍以上十倍以下罚款；没有猎获物的，并处一万元以上五万元以下罚款；构成犯罪的，依法追究刑事责任
禁止使用毒药、爆炸物、电击或者电子诱捕装置以及猎套、猎夹、地枪、排铳等工具进行猎捕，禁止使用夜间照明行猎、歼灭性围猎、捣毁巢穴、火攻、烟熏、网捕等方法进行猎捕，但因科学研究确需网捕、电子诱捕的除外	《中华人民共和国野生动物保护法》第二十四条	
禁止出售、购买、利用国家重点保护野生动物及其制品	《中华人民共和国野生动物保护法》第二十七条	未经批准、未取得或未按照规定使用专用标识，或者未持有、未附有人工繁育许可证、批准文件的副本或者专用标识出售、购买、利用、运输、携带、寄递国家重点保护野生动物及其制品的，没收野生动物及其制品和违法所得，并处野生动物及其制品价值二倍以上十倍以下罚款；情节严重的，吊销人工繁育许可证，撤销批准文件，收回专用标识；构成犯罪的，依法追究刑事责任
禁止生产、经营使用国家重点保护野生动物及其制品制作的食品，或者使用没有合法来源证明的非国家重点保护野生动物及其制品制作的食品	《中华人民共和国野生动物保护法》第三十条	违反规定，生产、经营使用国家重点保护野生动物及其制品或者没有合法来源证明的非国家重点保护野生动物及其制品制作食品，或为食用非法购买国家重点保护野生动物及其制品的，没收野生动物及其制品和违法所得，并处野生动物及其制品价值二倍以上十倍以下罚款；构成犯罪的，依法追究刑事责任

行为内容	法律依据	违法后果
禁止采集国家一级保护野生植物。因科学研究等特殊需要采集的,须申请采集证。采集国家二级保护野生植物的,须申请采集证;采集城市园林或者风景名胜区内的国家一级或者二级保护野生植物的,须申请采集证	《中华人民共和国野生植物保护条例》第十六条	未取得采集证或者未按照采集证的规定采集国家重点保护野生植物的,没收所采集的野生植物和违法所得,可以处违法所得十倍以下的罚款;有采集证的,可以吊销采集证
禁止出售、收购国家一级保护野生植物;出售、收购国家二级保护野生植物的,须经有权部门批准	《中华人民共和国野生植物保护条例》第十八条	违反规定,出售、收购国家重点保护野生植物的,没收野生植物和违法所得,可以并处违法所得十倍以下的罚款
除本法另有规定外,禁止任何单位和个人无种子生产经营许可证或者违反种子生产经营许可证的规定生产、经营种子。禁止伪造、变造、买卖、租借种子生产经营许可证	《中华人民共和国种子法》第三十三条	未取得种子生产经营许可证,以欺骗、贿赂等不正当手段取得种子生产经营许可证,未按照种子生产经营许可证的规定生产经营种子,伪造、变造、买卖、租借种子生产经营许可证的,没收违法所得和种子;违法生产经营的货值金额不足一万元的,并处三千元以上三万元以下罚款;货值金额一万元以上的,并处货值金额三倍以上五倍以下罚款;可以吊销种子生产经营许可证
禁止抢采掠青、损坏母树,禁止在劣质林内、劣质母树上采集种子	《中华人民共和国种子法》第三十五条	违反规定,抢采掠青、损坏母树或者在劣质林内、劣质母树上采种的,没收所采种子,并处所采种子货值金额二倍以上五倍以下罚款

续表

行为内容	法律依据	违法后果
禁止生产经营假、劣种子	《中华人民共和国种子法》第四十八条	违反规定，生产经营假种子的，没收违法所得和种子，吊销种子生产经营许可证；违法生产经营的货值金额不足二万元的，并处二万元以上二十万元以下罚款；货值金额二万元以上的，并处货值金额十倍以上二十倍以下罚款；因生产经营假种子犯罪被判处有期徒刑以上刑罚的，种子企业或者其他单位的法定代表人、直接负责的主管人员自刑罚执行完毕之日起五年内不得担任种子企业的法定代表人、高级管理人员。生产经营劣种子的，没收违法所得和种子；违法生产经营的货值金额不足二万元的，并处一万元以上十万元以下罚款；货值金额二万元以上的，并处货值金额五倍以上十倍以下罚款；情节严重的，吊销种子生产经营许可证
国家公园、自然保护区的核心保护区。除列入国家公园、自然保护区的核心保护区限制类建设项目以外，禁止其他各类建设项目	《浙江省自然保护区管理办法》第二十七条、《浙江省自然保护地建设项目准入负面清单（试行）》	违反《浙江省自然保护区管理办法》规定，有下列情形之一的，由有权机关依法对直接主管的责任人员和其他直接责任人员给予行政或者纪律处分： （1）不按批准文件建设自然保护区，或者借建立自然保护区之名乱占乱用山林、土地及其他资源，或者从事破坏性开发、利用活动的； （2）在自然保护区的建设和管理中，滥用职权、玩忽职守，造成生态环境、自然资源破坏或者造成科研、管护等设施严重损坏的； （3）自然保护区的各项管理制度、保护措施不健全、不落实，造成严重后果的； （4）其他依法应当给予行政或者纪律处分的情形

第一章　政策法规篇

二、许可类行为

许可类行为详见表1-2。

表1-2 许可类行为一览表

许可名称	法律依据	办理流程及申请材料相关信息线索
占用林地许可	《中华人民共和国森林法》第三十七条、第三十八条	进入浙江政务服务网（https://www.zjzwfw.gov.cn），在"搜索"一栏中输入许可名称，选择需要审批的林业主管部门所在地，点击"搜索"即可
林木采伐许可	《中华人民共和国森林法》第五十六条	
野生动物人工繁育许可	《中华人民共和国野生动物保护法》第二十五条	
出售、购买、利用国家重点保护陆生野生动物及其制品许可	《中华人民共和国野生动物保护法》	
猎捕陆生野生动物许可	《中华人民共和国野生动物保护法》	
野生动物旅游观赏景点设立及展览、表演许可	《浙江省陆生野生动物保护条例》第二十九条	
采集及出售、收购野生植物许可	《中华人民共和国野生植物保护条例》第十六条、第十八条	
林草种子生产经营许可	《中华人民共和国种子法》第三十一条	

续表

许可名称	法律依据	办理流程及申请材料相关信息线索
国家重点保护林草种质资源采集、采伐许可	《中华人民共和国种子法》第八条、《林木种质资源管理办法》第十九条	进入浙江政务服务网（https://www.zjzwfw.gov.cn），在"搜索"一栏中输入许可名称，选择需要审批的林业主管部门所在地，点击"搜索"即可
松材线虫病疫木加工板材定点加工企业许可及松材线虫病疫木造纸、制作人造板许可	《松材线虫病疫木加工板材定点加工企业审批管理办法》第二条、《浙江省松材线虫病防治条例》第十五条	

第二节 林业领域管理类政策

林业领域管理类政策详见表1-3。

表1-3 林业领域管理类政策一览表

法律法规名称	重点关注的条款及具体内容
《中华人民共和国农村土地承包法》	第四条　农村土地承包后，土地的所有权性质不变。承包地不得买卖。 第十九条　土地承包应当遵循以下原则： （一）按照规定统一组织承包时，本集体经济组织成员依法平等地行使承包土地的权利，也可以自愿放弃承包土地的权利； （二）民主协商，公平合理； （三）承包方案应当按照本法第十三条的规定，依法经本集体经济组织成员的村民会议三分之二以上成员或者三分之二以上村民代表的同意； （四）承包程序合法。 第二十一条　耕地的承包期为三十年。草地的承包期为三十年至五十年。林地的承包期为三十年至七十年。 前款规定的耕地承包期届满后再延长三十年，草地、林地承包期届满后依照前款规定相应延长。 第二十八条　承包期内，发包方不得调整承包地。 承包期内，因自然灾害严重毁损承包地等特殊情形对个别农户之间承包的耕地和草地需要适当调整的，必须经本集体经济组织成员的村民会议三分之二以上成员或者三分之二以上村民代表的同意，并报乡（镇）人民政府和县级人民政府农业农村、林业和草原等主管部门批准。承包合同中约定不得调整的，按照其约定。

续表

法律法规名称	重点关注的条款及具体内容
《中华人民共和国农民专业合作社法》	第十六条 设立农民专业合作社,应当向工商行政管理部门提交下列文件,申请设立登记: (一)登记申请书; (二)全体设立人签名、盖章的设立大会纪要; (三)全体设立人签名、盖章的章程; (四)法定代表人、理事的任职文件及身份证明; (五)出资成员签名、盖章的出资清单; (六)住所使用证明; (七)法律、行政法规规定的其他文件。 登记机关应当自受理登记申请之日起二十日内办理完毕,向符合登记条件的申请者颁发营业执照,登记类型为农民专业合作社
《中华人民共和国农业技术推广法》	第十三条 国家农业技术推广机构的人员编制应当根据所服务区域的种养规模、服务范围和工作任务等合理确定,保证公益性职责的履行。 国家农业技术推广机构的岗位设置应当以专业技术岗位为主。乡镇国家农业技术推广机构的岗位应当全部为专业技术岗位,县级国家农业技术推广机构的专业技术岗位不得低于机构岗位总量的百分之八十,其他国家农业技术推广机构的专业技术岗位不得低于机构岗位总量的百分之七十
《浙江省实施〈中华人民共和国农业技术推广法〉办法(修正文本)》	第十七条 农业技术推广部门和其他有关部门应当按国家和省的规定对专业技术人员评定职称,聘任技术职务。对长期在乡(镇)、村从事农业技术推广工作的专业科技人员的职称评定,以考核其推广工作的业务技术水平和实绩为主,有突出贡献的可破格晋升。 农业科研单位和有关院校的科技人员从事农业技术推广工作的,在评定职称时,应当将其从事农业技术推广工作的实绩作为考核的重要内容

续表

法律法规名称	重点关注的条款及具体内容
《浙江省实施〈中华人民共和国农业技术推广法〉办法(修正文本)》	第三十一条 县级以上人民政府、农业技术推广部门对具有下列条件之一的单位和个人,应当给予表彰和奖励: (一)引进、研究、推广农业技术成绩突出的; (二)在培养农业技术推广人才方面做出突出贡献的; (三)长期在乡(镇)从事农业技术推广工作,取得显著成绩的; (四)支持农业技术推广工作贡献突出的。 第三十二条 各级科技进步奖应当增加农业技术推广成果的奖励名额,用于奖励在农业技术推广中有突出成绩的单位和个人。 第三十三条 违反本条例规定,有下列行为之一,给农业技术应用者造成经济损失的,由当地人民政府或者有关部门责令赔偿损失,并对有关责任人员给予处分: (一)推广未经审定、试验的农业技术的; (二)强制农业劳动者应用农业技术,造成损失的; (三)在技术推广和经营服务中玩忽职守、徇私舞弊、弄虚作假的
《中华人民共和国促进科技成果转化法》	第十六条 科技成果持有者可以采用下列方式进行科技成果转化: (一)自行投资实施转化; (二)向他人转让该科技成果; (三)许可他人使用该科技成果; (四)以该科技成果作为合作条件,与他人共同实施转化; (五)以该科技成果作价投资,折算股份或者出资比例; (六)其他协商确定的方式

续表

法律法规名称	重点关注的条款及具体内容
《中华人民共和国促进科技成果转化法》	第四十条　科技成果完成单位与其他单位合作进行科技成果转化的，应当依法由合同约定该科技成果有关权益的归属。合同未作约定的，按照下列原则办理： （一）在合作转化中无新的发明创造的，该科技成果的权益，归该科技成果完成单位； （二）在合作转化中产生新的发明创造的，该新发明创造的权益归合作各方共有； （三）对合作转化中产生的科技成果，各方都有实施该项科技成果的权利，转让该科技成果应经合作各方同意。 第四十五条　科技成果完成单位未规定、也未与科技人员约定奖励和报酬的方式和数额的，按照下列标准对完成、转化职务科技成果做出重要贡献的人员给予奖励和报酬： （一）将该项职务科技成果转让、许可给他人实施的，从该项科技成果转让净收入或者许可净收入中提取不低于百分之五十的比例； （二）利用该项职务科技成果作价投资的，从该项科技成果形成的股份或者出资比例中提取不低于百分之五十的比例； （三）将该项职务科技成果自行实施或者与他人合作实施的，应当在实施转化成功投产后连续三至五年，每年从实施该项科技成果的营业利润中提取不低于百分之五的比例
《浙江省促进科技成果转化条例》	第十七条　政府设立的研究开发机构、高等院校对其持有的科技成果，应当通过协议定价、在技术交易市场挂牌交易、拍卖等方式确定价格。通过协议方式确定科技成果价格的，应当规定并公开异议处理程序和办法。 政府设立的研究开发机构、高等院校通过协议方式确定科技成果价格的，应当在本单位和技术交易市场公示，公示内容包括科技成果名称、内容摘要、转化方式、拟交易价格，公示时间不得少于十五日。受让方是职务科技成果完成人或者其利害关系人的，应当予以标明。 政府设立的研究开发机构、高等院校通过在技术交易市场挂牌交易、拍卖方式进行科技成果转化的，应当合理确定挂牌交易、拍卖的基准价格

续表

法律法规名称	重点关注的条款及具体内容
《浙江省促进科技成果转化条例》	第四十四条 违反本条例规定,有下列行为之一的,由科学技术行政部门或者其他有关部门按照管理职责予以处罚: (一)在科技成果转化活动中弄虚作假,采取欺骗手段,骗取奖励或者荣誉称号、诈骗钱财、牟取非法利益的,责令改正,取消其奖励和荣誉称号,处以五万元以上十万元以下的罚款;有违法所得的,没收违法所得,并处以违法所得一倍以上三倍以下的罚款; (二)在科技成果检测或者评估中,提供虚假检测结果或者评估证明的,责令改正,予以警告,对检测组织者、评估机构处以五万元以上十万元以下的罚款;有违法所得的,没收违法所得,并处以违法所得一倍以上三倍以下的罚款;情节严重的,并由有关部门依法吊销营业执照和资格证书; (三)以唆使窃取、利诱胁迫等手段侵占他人科技成果、侵犯他人合法权益的,由科学技术行政部门责令停止违法行为,可处以五万元以上十万元以下的罚款; (四)在技术交易中从事代理或者居间服务的中介服务机构和从事经纪业务的人员,欺骗委托人,或者与当事人一方串通欺骗另一方当事人的,责令改正,予以警告,处以五万元以上十万元以下的罚款;有违法所得的,没收违法所得,并处以违法所得一倍以上三倍以下的罚款;情节严重的,并由有关部门依法吊销营业执照和资格证书。 行为人的违法行为信息记入社会信用档案
《浙江省林业乡土专家遴选管理办法》	第五条 林业乡土专家人选年龄原则上不超过65周岁,并具备以下条件中的四项: (一)思想政治素质硬。 (二)科技创新能力强。 (三)生产技术水平高。 (四)规模经营效益好。 (五)示范带动辐射广

续表

法律法规名称	重点关注的条款及具体内容
《浙江省林业乡土专家遴选管理办法》	第六条　申报人应提供本人的基本情况并按照本办法第五条的要求，提供有关申报材料，并对申报材料真实性负责。 (一)浙江省林业乡土专家申报(复选)表。 (二)身份证复印件。 (三)专业(执业)资格或学历证书复印件。 (四)营业执照、科技成果等相关复印件。 (五)生产经营情况说明。 (六)个人征信记录(近一年内有效)。 第七条　申报程序。 (一)申报人本着自愿的原则，对照条件向所在地的县(市、区)林业主管部门提出申请，各县(市、区)林业主管部门对申报材料进行审查，择优推荐上报市级林业主管部门。 (二)市级林业主管部门对照申报条件，对所辖县(市、区)林业主管部门推荐的林业乡土专家进行审核，汇总后上报省林业局。 第九条　浙江省林业乡土专家享有以下权利： (一)可推荐参加国家级林草乡土专家、"浙江农业之最"创造者或主要技术指导者等评选。 (二)对于符合浙江省林业专业工程师、高级工程师职务任职资格评价条件要求的，可直接申报相应技术职称。 (三)优先参加林业主管部门组织的技术培训、进修和学术交流活动。 (四)同等条件下，优先支持作为林业科技和产业类等项目的实施主体。 (五)支持参加各类产业展会、品牌建设和产品推介活动，积极拓展市场，扩大对外影响

第三节　林业领域优惠类政策

一、《中央财政林业补助资金管理办法》部分条款摘录

第十三条　森林生态效益补偿根据国家级公益林权属实行不同的补偿标准，包括管护补助支出和公共管护支出两部分。

国有的国家级公益林平均补偿标准为每年每亩5元，其中管护补助支出4.75元，公共管护支出0.25元；集体和个人所有的国家级公益林补偿标准为每年每亩15元，其中管护补助支出14.75元，公共管护支出0.25元。

第十八条　林木良种培育、造林和森林抚育补贴具体支出内容是：

（一）林木良种培育补贴。包括良种繁育补贴和林木良种苗木培育补贴。良种繁育补贴主要用于对良种生产、采集、处理、检验、贮藏等方面的人工费、材料费、简易设施设备购置和维护费，以及调查设计、技术支撑、档案管理、人员培训等管理费用和必要的设备购置费用的补贴；补贴对象为国家重点林木良种基地和国家林木种质资源库；补贴标准：种子园、种质资源库每亩补贴600元，采穗圃每亩补贴300元，母树林、试验林每亩补贴100元。林木良种苗木培育补贴主要用于对因使用良种，采用组织培养、轻型基质、无纺布和穴盘容器育苗、幼化处理等先进技术培育的良种苗木所增加成本的补贴；补贴对象为国有育苗单位；补贴标准：除有特殊要求的良种苗木外，每株良种苗木平均补贴0.2元，各地可根据实际情况，确定不同树种苗木的补贴标准。

（二）造林补贴。对国有林场、农民和林业职工（含林区人员，下同）、农民专业合作社等造林主体在宜林荒山荒地、沙荒地、迹地、低产低效林地进行人工造林、更新和改造，面积不小于1亩的给予适当的补贴。造林补

贴包括造林直接补贴和间接费用补贴。

直接补贴是指对造林主体造林所需费用的补贴，补贴标准为：人工营造，乔木林和木本油料林每亩补贴200元，灌木林每亩补贴120元（内蒙古、宁夏、甘肃、新疆、青海、陕西、山西等省、自治区灌木林每亩补贴200元），水果、木本药材等其他林木、竹林每亩补贴100元；迹地人工更新、低产低效林改造每亩补贴100元。间接费用补贴是指对享受造林补贴的县、局、场林业部门（以下简称县级林业部门）组织开展造林有关作业设计、技术指导所需费用的补贴。

享受中央财政造林补贴营造的乔木林，造林后10年内不准主伐。

（三）森林抚育补贴。对承担森林抚育任务的国有森工企业、国有林场、农民专业合作社以及林业职工和农民等给予适当的补贴。森林抚育对象为国有林中的幼龄林和中龄林，集体和个人所有的公益林中的幼龄林和中龄林。一级国家级公益林不纳入森林抚育范围。

森林抚育补贴标准为平均每亩100元。根据国务院批准的《长江上游、黄河上中游地区天然林资源保护工程二期实施方案》和《东北、内蒙古等重点国有林区天然林资源保护工程二期实施方案》，天然林资源保护工程二期实施范围内的国有林森林抚育补贴标准为平均每亩120元。

二、《浙江省省级林业重点龙头企业认定和监测管理办法》部分条款摘录

第四条 申报省级林业重点龙头企业应符合以下基本条件：

（一）企业规模。按企业生产经营的产品类别不同，其总资产规模、生产规模、上年营销收入、市场份额等均应位居省内同行业前列。

1. 竹木种植与培育类。种植、培育木竹原材料林基地的企业，总资产3000万元以上，固定资产2000万元

以上,基地种植面积3000亩以上;种植、培育山核桃、香榧、油茶等经济林基地的企业,总资产2000万元以上,固定资产1000万元以上,基地种植面积500亩以上。

2. 林下种植(养殖)类。利用林地林木资源发展林下种植(养殖)的企业,总资产1000万元以上,固定资产800万元以上,上年度销售收入2000万元以上,基地种植(养殖)面积500亩以上。

3. 种苗花卉类。种业企业;以品种选育开发为主并实行良种生产经营相结合的种子种苗企业,基地面积300亩以上,上年度销售收入500万元以上。花卉生产企业:生产面积1000亩以上,上年度销售收入800万元以上,基本实现机械化和标准化生产。花卉衍生品加工企业:总资产2000万元以上,固定资产1000万元以上,上年度销售收入5000万元以上。园林绿化企业;总资产5000万元以上,固定资产3000万元以上,上年度销售收入8000万元以上。

4. 木竹加工类。以生产人造板、木制家具、木门、地板等木材加工企业,总资产5000万元以上(其中:人造板生产企业1亿元以上),固定资产3000万元以上,上年度销售收入5000万元以上(其中:人造板生产企业1亿元以上);木竹日用品、工艺品企业总资产在3000万元以上,固定资产在2000万元以上,上年度销售收入3000万元以上。

5. 林产化工类。林化产品的生产加工企业,总资产规模2000万元以上,固定资产1000万元以上,上年度销售收入3000万元以上。

6. 森林食品加工类。以山核桃、油茶籽、香榧、竹笋等为主的加工企业,总资产规模达到1000万元以上,固定资产800万元以上,上年度销售收入1000万元以上。

7. 生态旅游森林康养类。以森林、湿地等资源开展生态旅游和森林康养为主的企业,总资产规模在3000万元以上,固定资产2000万元以上,年收入3000万元以上,年接待15万人次以上。

8. 林产品流通服务类。主要从事林产品贸易、流通服务的企业（包括线上线下），总资产3000万元以上，固定资产2000万元以上，上年度销售收入8000万元以上。

三、《浙江省林业局关于支持工商资本"上山入林"投资林业产业的若干意见》部分条款摘录

（三）支持林业工商资本做大做强。

5. 税收优惠政策。对林业企业取得的符合条件的技术转让所得，在一个纳税年度内不超过500万元的部分免征企业所得税，超过500万元的部分减半征收企业所得税。对投资林业的具有专项用途的财政性扶持资金，根据国家税收有关规定落实优惠政策。对投资林业并通过高新技术企业认定的农（林）业龙头企业，减按15%的税率征收企业所得税。对符合条件的投资林业的股权转让，不征收增值税。对投资国家鼓励发展的林产品加工和流通项目且进口具有国际先进水平的自用设备，在现行规定范围内免征进口关税。企业从事林产品初加工项目的所得按规定免征企业所得税。鼓励有条件的林业企业兼并重组，做大做强，对其通过合并、分立、出售、置换等方式，将全部或者部分实物资产以及与其相关联的债权、债务和劳动力一并转让给其他单位和个人涉及的不动产、土地使用权转让行为，符合条件的不征收增值税。符合条件的林业企业可按规定享受小型微利企业所得税优惠政策；林业企业在2018年1月1日至2020年12月31日期间新购进的设备、器具，单位价值不超过500万元的，允许一次性计入当期成本费用在计算应纳税所得额时扣除。

（四）优化林业产业投资环境。

8. 林地和林业附属设施用地政策。认真贯彻落实有关林业生产设施用地管理的政策规定，支持林业科研、试验、示范基地等必要的林业生产设施建设。林业经营主体流转林地200亩以上实施林业规模经营的，允许不

超过3‰用于林业生产用房及相关附属设施建设,其中林业生产用房单体建筑占地面积不超过200平方米,高度不超过6米。符合林业生产设施条件的道路,可以按照林道审批。对充分依托山林自然风景资源进行生态旅游、休闲度假等项目开发的区块,列入生态"坡地村镇"建设项目的,可以实行点状布局、多个地块组合开发。纳入省重大产业项目的生态旅游和森林康养建设项目,省有关部门按规定给予建设用地计划指标奖励。

四、《关于加快完善培育支持新型农业经营主体政策体系的实施意见》部分条款摘录

(二)强化基础设施建设。支持新型农业经营主体与工商资本投资开展土地整治和高标准农田建设。相关财政项目优先安排农村集体经济组织、农民专业合作社等作为建设管护主体,强化农民参与和全程监督。推动设施农用地政策落地,对新型农业经营主体规模化种植的,按照种植面积的1.5%以内、最多不超过7亩的标准安排附属设施用地;对流转林地200亩以上规模经营的,允许不超过林地面积的3‰用于林业生产用房及相关附属设施建设。支持新型农业经营主体合建或与农村集体经济组织共建仓储烘干、保鲜库、农机库棚等农业基础性设施。各县(市、区)年度建设用地指标要根据实际情况优先安排发展农业生产经营。对新型农业经营主体发展较快、用地集约且需求量大的地区,适度增加年度新增建设用地指标。全面落实农业电价政策,对从事种植、养殖、捕捞生产的执行农业生产电价,按照省定农产品初加工目录范围对农产品初加工用电执行农业生产电价。推进农业水价综合改革,建立农业用水精准补贴机制和节水奖励机制,在完善水价形成机制的基础上,对符合条件的新型农业经营主体给予奖补。

(三)优化金融信贷服务。鼓励和支持金融机构创新涉农信贷产品,加大对新型农业经营主体的信贷支持力

度,在符合国家政策情况下,对县级以上示范性新型农业经营主体实行贷款优先和利率优惠政策。稳步推进土地(林地)经营权、农村集体资产股权、订单、保单的抵(质)押贷款和小额信用贷款业务,探索开展大型农机具融资租赁试点。稳步推进符合条件的农民专业合作社开展内部信用合作,鼓励发展新型农村合作金融。支持符合条件的涉农企业兼并重组、发行债券、上市融资。加快推进政策性农业信贷担保体系建设,对从事粮食生产和农业适度规模经营的新型农业经营主体的农业信贷担保余额不低于总担保规模的**70%**,财政补助后的综合担保费(向贷款主体收取和财政补助之和)费率不得超过**3%**。创新"政银担保"合作机制,探索推广各种合作性、互助性农业信贷担保业务试点。

(四)完善农业保险政策。落实农业保险保额覆盖直接物化成本,创新"基本险＋附加险"产品。完善保费动态调整机制,逐步提高保额,开展保费激励试点,鼓励对经营规范、风险防范到位的新型农业经营主体给予保费优惠。完善农业保险协同推进机制,鼓励各地整合涉农资金,加大地方险种开办力度,推广家庭农场综合保险、农机具保险、渔业保险等业务。积极开展天气指数保险、农产品价格和收入保险、"保险＋期货"、农田水利设施保险、土地流转履约保证保险、农产品质量保证保险、贷款保证保险等试点,提高保险覆盖面,促进新型农业经营主体参保率达到**85%**以上。鼓励各地开展农民互助合作保险试点。完善农业再保险体系,研究探索财政支持的农业保险和涉农保险大灾分散机制。强化农业保险从业人员素质培训,创新定损理赔方式,提高定损理赔水平,确保定损理赔及时到位。

五、《关于加快推进森林康养产业发展的意见》部分条款摘录

四、培育森林康养新生业态

(一)大力发展森林康养＋医疗。积极发展森林疗养、康复、保健、养生、养老、运动、休闲、度假等森林

康养业态,倡导健康生活理念。大力发展林业特色文化产业,大力发展森林食疗、森林药疗等康养服务模式。强化各森林旅游地与医疗单位的合作,发挥民族医药特色,推动药用野生动植物资源的保护、繁育及利用,加快康养中药、保健品、化妆品等医养结合产品的研发、加工和销售。

(二)加快推进森林康养＋食品。大力发展食用笋、珍稀干果、木本油料、林下药材、山地水果、食用菌、森林蔬菜及驯养野生动植物等森林食品产业,加快培育一批市场竞争力强、特色鲜明的森林食品品牌,拓展森林康养产业链。注入乡土情结和地标特色元素,大力发展森林食疗、森林药疗等康养服务模式。

(三)探索发展森林康养＋文化。传承和挖掘具有地域特征、民族特色的森林文化,充分发挥文化资源对森林康养的提升作用,开发文化研学旅行、休闲体验旅游等项目。鼓励创作森林康养文学、书法、摄影、音乐、影视等文化产品。强化自然教育,推进浙江竹编、东阳木雕、油茶古法榨油等传统民间技艺申报世界非物质文化遗产。

(四)积极发展森林康养＋体育。开展森林古道评价和分级,编制全省森林古道保护和利用规划。启动全省森林古道保护和修复工程。开发打造森林健步、森林骑行、森林瑜伽、森林太极、森林马拉松、森林户外拓展等体育项目品牌。

六、《浙江省林业局关于支持山区26县跨越式高质量发展的意见》部分条款摘录

一、支持山区26县发展竹木加工、木本粮油、林下经济、花卉苗木、森林康养等五大千亿主导产业,培育壮大特色优势产业集群,到2025年,重点推动木本粮油种植面积达240万亩、林下经济利用林地总面积达300万亩、林下规模经营面积达50万亩。

二、支持山区26县实施"千村万元"林下经济"消薄"增收帮扶工程，大力发展林下道地中药材和珍贵食用菌，今后5年，重点支持300个集体经济相对薄弱村，发展"一亩山万元钱"林下经济基地15万亩；打造"一亩山万元钱"全产业链发展典型30个；培育省级林下道地中药材种植基地50个；建设珍贵彩色树种、乡土观赏植物、林下道地中药材等种质资源库与良种繁育基地10个。

三、支持山区26县实施"一县一策"特色林业产业提升计划。培育一批省级特色林业产业示范县、森林休闲养生城市、特色产业强镇、康养名镇、森林人家、森林康养基地和森林氧吧。引导山区26县培育壮大林业新型经营主体，今后5年，着力培育20家省级以上龙头企业和50家示范性家庭林场，合力打造一批区域林产品公用品牌、企业品牌和森林生态标志产品。

四、加大对山区26县经济发展使用林地支持力度。对"产业飞地"项目、重大林业产业项目使用林地定额优先安排追加。

五、加大对山区26县造林绿化、森林抚育等项目支持力度，优先安排珍贵彩色树种赠苗。支持开展国家森林城市、省森林城镇和"一村万树"创建。

六、支持龙泉、庆元、景宁先行实践跨区域协调发展的国家公园体制，支持开化全域探索建设国家公园县，健全以国家公园为主体的自然保护地管理体系，推进自然保护地整合优化。支持山区26县小微湿地保护修复。支持深化现代国有林场改革，省级以上国有林场建设资金优先用于山区26县国有林场建设。

七、中央、省级各类林业科技推广项目优先向山区26县倾斜，鼓励科研院所、高校与山区26县开展技术合作，实施科技人员结对帮扶机制，共建科技成果转化示范基地。支持山区26县加强林业人才队伍建设，引导涉林院校、科研院所加大林业专业技术人才定向培养力度，扩大定向培养规模。支持林业专业队伍业务能力建设，加强林农培训，培育国家、省级林业乡土专家50名以上。

八、支持山区26县深入挖掘森林和湿地文化，依托自然保护地、国有林场建设博物馆、科普馆、标本馆等科教阵地，开展世界自然遗产遗迹、古树名木、森林古道等专项保护行动，到2025年，建成古树名木公园30个、省级生态文化基地40个、保护修复森林古道500公里以上。

七、《全省"千村万元"林下经济增收帮扶工程实施方案（2021—2025年）》部分条款摘录

计划用5年时间，在全省范围内特别是山区26县，筛选1000个适合发展林下经济的山区村，以"亩产万元"为发展目标，发展相对集中连片300亩以上的林下种植基地，重点推行林下道地中药材和珍贵食用菌生态种植和仿生栽培，并积极引入生产加工规模企业，在平等互利基础上，与村集体或合作社签订林下经济产品购销协议，打造标准化和规模化原料生产基地，建立稳定购销关系，形成产业联合体，实现共享利益、共担风险。到2025年，发展亩均产值达到一万元的林下经济基地30万亩，"以点带片"逐步形成具有浙江特色的林下经济高质量发展新格局。

（一）打造高质量示范基地。加强优良林下种植和养殖品种的选育推广，推动普及林下种植、养殖技术标准和规范。建立道地中药材和特色中药材资源种质基因库、种质资源圃，探索改良特色中药材新品种。遵循"适地适药""适地适菌"原则，优先发展铁皮石斛、三叶青、多花黄精、七叶一枝花、白及、前胡、灵芝等浙产道地中药材品种，利用抚育间伐剩余物积极发展林下套种大球盖菇、竹荪、羊肚菌等珍贵食用菌，认定一批林下道地中药材种植基地和中医药文化养生旅游示范基地（种植类），打响林下"浙八味"品牌。在保障森林生态系统质量前提下，紧密结合市场需求，积极探索林茶、林草、林菜、林苗等多种森林复合经营模式，深入挖掘鸡、羊、兔、蜂等优良地方品种资源潜力，建成一批"一亩山万元钱"林下经济高质量示范基地，展示推广先进实用

技术和发展模式,做优做强林下经济产业。

（三）推进林业"两进两回"。支持林下经济龙头企业与上下游企业组成战略联盟,进入山区、产区,带动农民兴办林业专业合作社、股份合作林场、家庭林场、林业协会等多元化、多类型林业专业合作组织,发展规模种植基地,加快形成区域性产业集群。吸引大学生、乡贤返乡回乡,以投资、入股等方式依法依规参与村级集体经济发展,丰富林下经济创业载体,畅通创业渠道,为山区跨越式发展注入新活力。

第二章

林木良种篇

第一节　林中寻宝——可食用林产品

一、树果篇

（一）木本粮油：油茶、香榧、薄壳山核桃、山核桃、锥栗、山苍子、香椿

树种1：油茶

❶ 品种名称：'长林4号'

◆ **审定编号**：国 S-SC-CO-006-2008。

◆ **品种特性**：长势旺，枝叶茂密，果桃形，青色，带红色，叶宽卵形，花期10—12月，果实成熟期10月下旬，干籽出仁率54.0%，干仁含油率46.0%，鲜果含油率9.8%，亩产油量60.2千克。

选育联系人：中国林业科学研究院亚热带林业研究所，姚小华等；联系电话：0571-63310094。

❷ 品种名称：'长林40号'

◆ **审定编号**：国 S-SC-CO-011-2008。

◆ **品种特性**：长势旺，枝叶茂密，果有棱，青色，叶矩卵形，花期10—12月，果实成熟期10月下旬，干籽出仁率63.1%，干仁含油率50.3%，鲜果含油率11.2%，亩产油量65.9千克。

选育联系人：中国林业科学研究院亚热带林业研究所，姚小华等；联系电话：0571-63310094。

❸ **品种名称**：'长林53号'
◆ **审定编号**：国S-SC-CO-012-2008。
◆ **品种特性**：长势偏弱，坐果率高，果大籽大。在推广试验中，6年生的植株单株可采茶桃4~5千克，亩产油量可以超过25千克。

选育联系人：中国林业科学研究院亚热带林业研究所，姚小华等；联系电话：0571-63310094。

❹ **品种名称**：'浙林2号'
◆ **审定编号**：浙S-SC-CO-012-1991。
◆ **品种特性**：嫁接苗定植后6~9年生连续4年测定（按冠幅面积折算），年均亩产油量43.43千克，无大小年。鲜果出籽率43.88%，干籽出仁率46.30%，种仁含油率53.88%，果含油率8.18%。炭疽病感病指数在3.1%以下。

选育联系人：浙江省林业科学研究院，程诗明、康志雄等；联系电话：0571-87798182。

❺ **品种名称**：'浙林6号'
◆ **审定编号**：浙S-SC-CO-005-2009。
◆ **品种特性**：嫁接苗定植后6~9年生连续4年测定（按冠幅面积折算），年均亩产油量30.58千克，无大小年。鲜果出籽率43.45%，干籽出仁率52.31%，种仁含油率39.78%，果含油率5.54%。抗性强。

选育联系人：浙江省林业科学研究院，程诗明、康志雄等；联系电话：0571-87798182。

❻ **品种名称**:'浙林8号'

◆ **审定编号**: 浙S-SC-CO-007-2009。

◆ **品种特性**: 果实榨油。树势中等偏强,青皮大果,中熟种。嫁接苗定植后6~9年生连续4年测定(按冠幅面积折算),年均亩产油量39.56千克,大小年不明显。抗病性强。

选育联系人:浙江省林业科学研究院,程诗明、康志雄等;联系电话:0571-87798182。

树种2:香榧

❶ **品种名称**:'小籽象牙榧'

◆ **审定编号**: 浙S-SV-TG-007-2021。

◆ **品种特性**: 早丰性能较好。种核细长,尾部渐尖,呈象牙状,出仁率高达66.2%。炒制商品仁肉皱褶浅,易脱衣;开口处理种壳多为纵裂,适宜加工开口香榧。种仁含油率52.5%。

选育联系人:浙江农林大学,吴家胜、喻卫武等;联系电话:0571-63743865。

❷ **品种名称**:'嵊珠'

◆ **审定编号**: 浙S-SV-TG-008-2021。

◆ **品种特性**: 种子膨大率高,成串结实,种实近圆形,平均鲜重6.6克,出仁率可达66.14%,种仁含油率50.26%。种子较小,采摘较费工。

选育联系人:浙江农林大学,吴家胜、喻卫武等;联系电话:0571-63743865。

❸ **品种名称**:'早缘榧'

◆ **审定编号**:浙R-SV-TG-009-2018。

◆ **品种特性**:干果炒制后食用。油脂含量高,淀粉含量低。种仁皱褶浅,种衣薄,较易脱,炒制商品果肉质细腻、酥松,回味浓郁。嫁接繁殖。

选育联系人:浙江农林大学,吴家胜、喻卫武等;联系电话:0571-63743865。

❹ **品种名称**:'龙凤细榧'

◆ **审定编号**:浙S-SV-TG-006-2017。

◆ **品种特性**:该品种雌雄同株,可同株或异株授粉。9月5日前后成熟,鲜籽(榧蒲)178粒/千克,出仁率60%,种仁含油率50.01%左右。

选育联系人:东阳市香榧研究所,胡文翠、王东辉等;联系电话:13665879599。

❺ **品种名称**:'东榧1号'

◆ **审定编号**:浙S-SV-TG-005-2017。

◆ **品种特性**:发芽较早,初期芽鳞呈肉红色;9月1日左右成熟。早实丰产性能较好;鲜籽(榧蒲)139粒/千克,出仁率64.02%,种仁含油率54.87%。

选育联系人:东阳市香榧研究所,胡文翠、王东辉等;联系电话:13665879599。

树种3：薄壳山核桃

❶ 品种名称：'亚优YLC21号'

◆ **审定编号**：浙S-SV-CI-003-2019。

◆ **品种特性**：坚果鲜食或加工后食用。嫁接苗第5年投产。种仁含油率71.0%。壳较薄，取仁较容易。抗性较强，较易栽培。嫁接繁殖。

选育联系人：中国林业科学研究院亚热带林业研究所，姚小华、任华东、王开良等；联系电话：0571-63326156、0571-63320229。

❷ 品种名称：'亚优YLC28号'

◆ **审定编号**：浙S-SV-CI-004-2019。

◆ **品种特性**：坚果鲜食或加工后食用。嫁接苗第5年投产。种仁含油率60.5%。壳较薄，取仁较容易，果仁淡黄色（琥珀色），味香，无涩味，松脆。抗性较强，较易栽培。

选育联系人：中国林业科学研究院亚热带林业研究所，姚小华、任华东、王开良等；联系电话：0571-63326156、0571-63320229。

❸ 品种名称：'亚优YLC35号'

◆ **审定编号**：浙S-SV-CI-005-2019。

◆ **品种特性**：坚果鲜食或加工后食用。嫁接苗第5年投产。种仁含油率68.5%。抗性较强，较易栽培。

选育联系人：中国林业科学研究院亚热带林业研究所，姚小华、任华东、王开良等；联系电话：0571-63326156、0571-63320229。

❹ 品种名称：'金华1号'

◆ **审定编号**：国S-SV-CI-006-2021。

◆ **品种特性**：大果型品种，平均单果重33.99克，坚果出仁率45.49%。3月中下旬萌芽，4月中旬花芽萌动，7—8月果实速生期，10月中旬果实采收。

选育联系人：浙江省林业科学研究院，朱汤军等；联系电话：0571-87798231。

❺ 品种名称：'绍兴1号'

◆ **审定编号**：国S-SV-CI-007-2021。

◆ **品种特性**：小果型品种，平均单果重25.87克，坚果出仁率45.49%。盛果期平均亩产量118.42千克，3月中下旬萌芽，4月中旬花芽萌动，7—8月果实速生期，10月中旬果实采收。

选育联系人：浙江省林业科学研究院，朱汤军等；联系电话：0571-87798231。

❻ 品种名称：'莫霍克'

◆ **审定编号**：浙S-SV-CI-005-2020。

◆ **品种特性**：适合加工坚果或开发鲜食产品。大果型品种，种仁含油率78.93%。嫁接苗定植后3~4年开始结果。落花、落果较轻。近3年干籽平均亩产量43.94千克，2年生砧木嫁接繁殖。

选育联系人：浙江省林业科学研究院，朱汤军等；联系电话：0571-87798231。

树种4：山核桃

❶ 品种名称：'亚优XK89号'

◆ **审定编号**：浙S-SV-CC-001-2019。

◆ **品种特性**：早实丰产，栽后第3年开始开花结果。出仁率48.6%，种仁含油率57.2%。适生于pH为5.5～7.5的壤土和砂壤土。嫁接繁殖，以薄壳山核桃为砧木。

选育联系人：中国林业科学研究院亚热带林业研究所，常君等；联系电话：0571-63326156。

❷ 品种名称：'亚优GL8号'

◆ **审定编号**：浙S-SV-CC-002-2019。

◆ **品种特性**：核果加工后食用。长势较旺，较抗干腐病，早实丰产，栽后第3年开始开花结果。出仁率44.8%，种仁含油率54.8%。

选育联系人：中国林业科学研究院亚热带林业研究所，常君等；联系电话：0571-63326156。

树种5：锥栗

品种名称：'YLZ 1号'

◆ **审定编号**：浙R-SV-CH-007-2019。

◆ **品种特性**：坚果鲜食或加工后食用。树姿直立，树势强。试验表明，成串结果特性明显，每果枝结苞6～

7个，最多达15个，空苞少，坚果大小均匀；栗苞椭球形，总苞重22~27克，每苞坚果1个，出籽率40%以上；坚果重7~12克，果壳红褐色，色泽光亮，坚果口感细腻、香甜，风味品质好。坚果含水率49.33%；干样含淀粉68.5%，可溶性糖11.5%，蛋白质8.7%。

选育联系人：中国林业科学研究院亚热带林业研究所，龚榜初等；联系电话：0571-63310045。

树种6：山苍子

❶ 品种名称：'香玲珑1号'

◆ **审定编号**：浙S-SF-LC-010-2021。

◆ **品种特性**：初油以香叶醛为主要香气成分。果实含油率4.65%，精油中香叶醛含量39.39%，芳樟醇含量1.59%。1年生实生苗定植后第2年开始挂果，第4年进入盛产稳产期。果实百粒重18.07克，单株产量8.57千克，亩产量471.38千克。

选育联系人：中国林业科学研究院亚热带林业研究所，汪阳东、高暝等；联系电话：0571-63105072。

❷ 品种名称：'香玲珑2号'

◆ **审定编号**：浙S-SF-LC-011-2021。

◆ **品种特性**：初油以芳樟醇为主要香气成分。果实含油率4.16%，精油中香叶醛含量33.58%，芳樟醇含量2.35%。1年生实生苗定植后第2年开始挂果，第4年进入盛产稳产期。果实百粒重17.65克，单株产量7.28千克，亩产量400.64千克。

选育联系人：中国林业科学研究院亚热带林业研究所，汪阳东、高暝等；联系电话：0571-63105072。

树种7：香椿

品种名称：'椿秋红'

◆ **审定编号**：浙S-SF-LC-010-2021。

◆ **品种特性**：速生，适应性强。一年四季可采芽，每年采摘周期8个月。嫩芽红色，富含人体必需氨基酸和微量元素。

选育联系人：中国林业科学研究院亚热带林业研究所，刘军等；联系电话：0571-63131172。

（二）新鲜水果：柿、枣、杨梅、猕猴桃、桃、柚、柑橘、梨、无花果、樱桃、携李、枇杷

树种1：柿

❶ 品种名称：'太秋'

◆ **审定编号**：浙S-ETS-DK-007-2019。

◆ **品种特性**：完全甜柿，雌雄同株异花，种植时不需要配置授粉树。果实扁圆形，区域试验表明，平均单果重300克，最大450克；糖度14%～20%，种子0～3粒，无核果多。在浙江9月中旬至11月上旬采摘；种植后2～3年结果，丰产稳产。

选育联系人：中国林业科学研究院亚热带林业研究所，龚榜初、徐阳等；联系电话：0571-63310045。

❷ 品种名称:'亚林柿砧6号'

◆ **审定编号**:浙S-SV-DK-005-2021。

◆ **植物新品种授权号**:20180077。

◆ **品种特性**:果实扁圆形,平均单果重22.6克。果实10月中下旬成熟,种植后2～3年结果,5年生株产量6～12千克,7～8年进入盛果期,株产量50～55千克,平均亩产量稳定在2000～2500千克。适宜作为'太秋''富有'等甜柿的砧木。

选育联系人:中国林业科学研究院亚热带林业研究所,龚榜初、徐阳等;联系电话:0571-63310045。

❸ 品种名称:'亚林46号'

◆ **审定编号**:浙S-SV-DK-006-2021。

◆ **品种特性**:完全甜柿,无雄花,种植时不需要配置授粉树。果实扁圆形,平均单果重215克,果面橙红色,可溶性固形物15.5%,无核果多,种子0～2粒。耐贮藏,采后硬果期约20天。种植后3～4年开始结果,5年生株产量8～9千克,6～7年进入盛产期,株产量15～20千克,平均亩产量800～1000千克。

选育联系人:中国林业科学研究院亚热带林业研究所,龚榜初、徐阳等;联系电话:0571-63310045。

树种2：枣

❶ 品种名称：'浙鲜枣1号'

◆ **审定编号**：浙R-SV-ZJ-005-2019。

◆ **品种特性**：鲜食。平均单果重13.3克，果实可食率96.99%，可溶性固形物23.2%，总糖10.93%，维生素C 268.81毫克/100克。自花结果，坐果率高，大小年不明显。始果期早，一般1年生苗能见花见果，6年生树株产量达20.5千克，丰产稳产。嫁接繁殖。

选育联系人：浙江省农业科学院，戚行江；联系电话：0571-86404568。

❷ 品种名称：'义仁大枣'

◆ **审定编号**：浙S-SV-ZJ-003-2017。

◆ **品种特性**：该品种单果重14.5～18.0克，大小较均匀，可溶性总糖37.3%，可溶性固形物21.8%。8月下旬成熟，可食率95.71%，双仁率46.2%，亩产量1595千克（按矮化密植110株/亩计算）。主供加工南枣、蜜枣，亦可鲜食。

选育联系人：浙江省林业科学研究院，程诗明；联系电话：0571-87798182。

树种3：杨梅

❶ 品种名称：'早炭'

◆ **审定编号**：浙R-SV-MR-008-2020。

- **品种特性**：果实紫红色，近圆球形，肉柱圆润，果核较小，甜酸适中；叶片较大，可溶性固形物12.2%，总酸0.92%，可食率96.5%。成熟期比同果园'荸荠种'早7～8天。在温州地区露天栽培成熟期一般在5月23日—6月3日。一般3～4年生树能挂果，采前落果少，易于管理。平均单果重13.7克，8～10年树龄进入盛产期，亩产量可达600～700千克。

  选育联系人：浙江省亚热带作物研究所，郭秀珠等；联系电话：13968823662。

❷ **品种名称**：'永冠'

- **植物新品种授权号**：CNA20170100.6。
- **品种特性**：四倍体大果型品种，抗枯枝病。单果重大于'东魁'20%以上。

  选育联系人：浙江省柑橘研究所，陈方永等；联系电话：13857600278。

树种4：猕猴桃

品种名称：'丽香红'

- **审定编号**：浙R-SV-AC-006-2020。
- **品种特性**：丰产稳产，成熟期早。果实长卵圆形，果喙尖凸，果皮无茸毛，成熟时外层果肉黄色，内层果肉红色。常规栽培平均单果重59.0克，可溶性固形物16.0%～19.8%，亩产量1500～2000千克。在浙江花期4月上旬，不同年份稍有差异。

  选育联系人：丽水市农林科学研究院，颜福花等；联系电话：0578-2185123。

树种5：桃

品种名称：'梦露水晶'

◆ **审定编号**：浙S-SV-PP-002-2020。

◆ **品种特性**：投产早，丰产稳产，自花授粉坐果率可达70%以上。果实近圆形，常规栽培平均单果重148克，最大单果重204克，慢熟型硬溶质桃。果实可溶性固形物12.8%～15.1%，维生素C 3.24毫克/100克，耐低温，贮藏能力强，4℃低温可贮藏15天左右。在浙江花期3月下旬，采收期7月中旬至下旬，栽植后第2年始果，盛产期亩产量1600～1800千克。

选育联系人：丽水市农林科学研究院，吴连海等；联系电话：0578-2028398。

树种6：柚

品种名称：'麻步文旦1号'

◆ **审定编号**：浙R-SV-CG-003-2021。

◆ **品种特性**：具单性结实能力。平均单果重1.04千克，可溶性固形物11.58%，可滴定酸5.58‰，出汁率54.01%～62.21%。耐贮藏，常温贮藏可保存2～3个月。10月下旬至11月上旬果实成熟。盛果期亩产量2526～3213千克，宜控制在3000千克左右。

选育联系人：浙江省亚热带作物研究所，刘冬峰等；联系电话：18906678039。

树种7：柑橘

品种名称：'红美人'

◆ **审定编号**：浙R-SV-CH-008-2018。

◆ **品种特性**：果实近圆球形，单果重180~250克，果形指数0.78~0.89，果皮极薄，较易剥皮。可溶性固形物12.5%~13.5%，总酸0.8~1.0克/100毫升，可食率80.5%~83.8%。5年生树平均亩产量1381.6千克，早结丰产性较好。

◆ 选育联系人：象山县林业特产技术推广中心，陈子敏；联系电话：0574-65712344。

树种8：梨

品种名称：'新玉'

◆ **审定编号**：浙S-SV-PP-003-2020。

◆ **植物新品种授权号**：CNA20151364.7。

◆ **品种特性**：鲜食。平均单果重305克，最大单果重可达700克，可溶性固形物12.1%。发育期110天左右。果实采收期偏短，易感锈病。

◆ 选育联系人：浙江省农业科学院，施泽彬等；联系电话：13705816752。

树种9：无花果

品种名称：'玛斯义陶芬'

◆ **审定编号**：浙S-ETS-FC-008-2019。

◆ **品种特性**：区域试验表明，扦插当年可结果，2～3年进入丰产期，株产量6.76～7.58千克，平均亩产量达1656千克，果实中偏大，单果重65～70克，糖度13.1%。成熟果皮紫红色，果肉桃红色。盛果期较早，采收期较长，较耐运输。货架期24个小时，冷藏条件下可贮藏20天。

选育联系人：浙江省林业科学研究院，刘亚群等；联系电话：0571-87798227。

树种10：甜樱桃

品种名称：'江南锦'

◆ **审定编号**：浙S-SV-PA-004-2020。

◆ **品种特性**：生长势旺，第4年初产。在浙江5～6年生成龄树亩产量500～600千克。果实黄底红晕，单果重6～8克，可溶性固形物18.5%～20.9%。果皮较薄，不适宜长途运输，适合观光采摘。

选育联系人：浙江省农业科学院园艺研究所，吴延军等；联系电话：13186962612。

树种11：中国樱桃

品种名称：'梁弄红'

◆ **审定编号**：浙S-SV-PP-009-2021。

- **品种特性**：果实心脏形，果皮紫红色，果肉淡黄色，可溶性固形物15.6%左右，平均单果重4.5克，最大可达7.4克，盛果期(5~6年生)亩产量380千克。植株生长势强，适应性和抗病虫性较强，易栽培。在浙江4月中下旬成熟。

  选育联系人：宁波市农业科学研究院，刘珠琴等；联系电话：0574-89184029。

树种12：樱李

品种名称：'醉贵妃'

- **审定编号**：浙R-SV-PS-006-2019。
- **品种特性**：在嘉兴地区7月上中旬成熟，合理疏果后，单果重可达71克以上。成熟果实极易化渣，可直接吸食，核仁常退化。果实口感佳，可溶性固形物15.0%左右，可滴定酸0.7%左右。不耐储运，常温下能存放3天；4~8℃冷藏，可存放5~7天。采摘时应轻拿轻放。

  选育联系人：浙江省农业科学院园艺研究所，谢小波等；联系电话：13957104281。

树种13：枇杷

品种名称：'永路枇杷'

- **植物新品种授权号**：CNA20141244.4。
- **品种特性**：少籽，低裂果，抗冻。注重二次疏果，适时控水防裂果。定果15天内套袋完成。

  选育联系人：浙江省柑橘研究所，陈方永等；联系电话：13857600278。

二、食药菌篇

物种1：铁皮石斛

❶ 品种名称：'晶品天目山'

◆ **审定编号**：浙S-SV-DC-011-2018。

◆ **品种特性**：为天目山脉临安大峡谷的种质资源'龙2'和'龙1'子1代优良株系扩繁而成的群体。岩壁附生、活树附生茎干呈紫红色，大棚栽培茎干呈深绿色，茎干上下粗细相近，不易倒伏，茎长21.5厘米，粗约5毫米，节间距小于1.5厘米。区域种植试验表明，4月采收岩壁附生、梨树附生和大棚栽培的2年生萌条，多糖含量分别达37.34%、33.90%和32.87%，浸出物含量分别达11.66%、9.62%和8.13%。耐-14.8℃低温。抗白绢病能力较强。

选育联系人：浙江农林大学，斯金平等；联系电话：13868004019。

❷ 品种名称：'晶品鲜食'

◆ **审定编号**：浙S-SV-DC-012-2019。

◆ **品种特性**：具有明显的铁皮石斛物种特征，多糖含量达48%。栽培后第2年采收，一次栽培可连续采收5年以上。嚼之黏性较大，渣较少，适合鲜食。耐-2℃低温。冬季前进行抗冻锻炼并适当降低湿度，1周至半个月喷1次水。注意防治白绢病。

选育联系人：浙江农林大学，斯金平等；联系电话：13868004019。

❸ **品种名称**:'森山1号'

◆ **审定编号**:浙认药2008007。

◆ **品种特性**:茎直立,圆柱形,茎长14.0~36.6厘米,粗3.58~6毫米;叶互生,矩圆状披针形或椭圆形,长3.8~5.3厘米,宽1.7~2.2厘米,叶片正面深绿色,背面灰绿色并有紫色小斑点,叶鞘常具紫斑。药用。以30个月采收为宜。

选育联系人:浙江森宇实业有限公司,俞巧仙等;联系电话:13957908900。

物种2:多花黄精

品种名称:'丽精1号'

◆ **审定编号**:浙S-SC-PC-009-2018。

◆ **品种特性**:根茎肥厚,粗壮,易加工,黄精多糖含量高,品质优。栽后第3~4年秋季,植株地上部分完全枯萎时,可在无雨、无霜冻的天气采挖多花黄精根茎。

选育联系人:华东药用植物园科研管理中心,刘跃钧等;联系电话:0578-2264303。

物种3:三叶青

品种名称:'泽青1号'

◆ **审定编号**:浙S-SC-TH-010-2018。

◆ **品种特性**:块根呈纺锤形或葫芦形。区域试验结果显示,鲜品达150千克/亩,总多糖242.24毫克/克,总黄酮17.71毫克/克,总多酚7.41毫克/克,醇溶性浸出物11.87%,水溶性浸出物27.72%。

选育联系人:杭州中泽生物科技有限公司,高志伟等;联系电话:0571-61103800。

物种4:灵芝

品种名称:'仙芝3号'

◆ **审定编号:** 浙认菌2021001。

◆ **品种特性:** 菌丝体白色绒毛状,密,贴生,有色素但不明显,适宜生长温度25~28℃。抗杂菌能力强,平均杂菌污染率4.1%。经金华市食品药品检验检测研究院检测:子实体含多糖1.48%,三萜1.05%;破壁孢子粉含甘油三油酸酯9.4%,多糖1.57%。

选育联系人:浙江寿仙谷医药股份有限公司,李明焱等;联系电话:0579-87622285。

物种5:金线莲

① 品种名称:'健君1号'

◆ **审定编号:** 浙S-SV-AR-011-2019。

◆ **品种特性:** 兰科开唇兰属多年生珍稀名贵药用植物。区域试验结果表明,种植6个月单株鲜重2.38克,每平方米鲜产847.8克,金线莲多糖138.00毫克/克。

选育联系人:温州科技职业学院,朱建军等;联系电话:0577-88418216。

❷ **品种名称**:'金康1号'

◆ **审定编号**:浙认药2021004。

◆ **品种特性**:药用。定植至采收210天左右,总黄酮0.62%,多糖11.3%,金线莲苷8.23%。

选育联系人:金华市荆龙生物科技有限公司,吴梅等;联系电话:0579-82026880。

物种6:吊丝单竹

品种名称:'吊丝单竹'

◆ **审定编号**:浙S-ETS-BV-007-2020。

◆ **品种特性**:优良的夏秋季鲜食和制罐笋用竹种,具有产量高、笋期长等优点。产笋期6—10月,4年生竹笋亩产量380～617千克,笋个体重0.4～1.0千克。具有较强的抗寒性,可耐最低气温-5.5℃。

选育联系人:浙江省亚热带作物研究所,王月英等;联系电话:13858840652。

第二节　栽花种树——可观赏花木

一、花开四季（彩色观花观果观叶树种）

树种1：枫香

❶ 品种名称：'彩红'

◆ **审定编号**：浙 S-SV-LF-001-2018。

◆ **品种特性**：秋季和初冬叶色红色，变色期一般为11下旬至12月中旬，株间叶色均匀一致。株型紧凑，枝叶较茂密，当年生枝新梢淡红色，幼叶红色。区域试验表明，在桐庐县，叶变色始期在11月下旬，最佳观赏期在12月上旬，12月中旬落叶；在金华市，叶变色始期在12月上旬，最佳观赏期在12月中旬，12月下旬落叶；在余杭区和海宁市，叶变色始期在11月底或12月初，最佳观赏期在12月上中旬，12月下旬落叶。

选育联系人：浙江森禾集团股份有限公司，王春等；联系电话：0571-28932222。

❷ 品种名称：'云林紫枫'

◆ **审定编号**：浙 S-SV-LF-008-2020。

- ◆ **植物新品种授权号**：20190391。
- ◆ **品种特性**：经试种，气温高于-7℃时为不落叶或半落叶乔木。适应性广，生长势强，在枫香自然分布区均可种植。喜温暖湿润气候，性喜光，幼树稍耐阴，耐干旱、瘠薄、水湿。在湿润肥沃而深厚的红黄壤土上生长良好。

选育联系人：云和县农业综合开发有限公司，林昌礼等；联系电话：13906783445。

树种2：无患子

品种名称：'亚新1号'

- ◆ **审定编号**：浙R-SV-SM-008-2019。
- ◆ **品种特性**：萌芽期为3月中旬，5月初为现蕾期，中下旬进入始花期，盛花期为5月下旬至6月上旬，10月中旬至下旬为果实成熟期。大型果，试验表明，平均单果重7.59克，果实纵径22.73毫米，横径28.88毫米，侧径23.88毫米；平均种子重1.84克，种子纵径15.65毫米，横径16.81毫米，侧径14.26毫米。果肉平均皂苷含量13.0%，种仁含油率29.98%。抗性强，易栽培。

选育联系人：中国林业科学研究院亚热带林业研究所，邵文豪；联系电话：0571-63310009。

树种3：乌桕

品种名称：'浦红桕'

- ◆ **审定编号**：浙R-SV-SS-006-2018。

◆ **品种特性**：该品种为浦江野生优选单株嫁接扩繁而成无性系品种。叶片近心形，叶尖尾尖，自10月下旬开始叶色逐渐转变，11月2日整个植株50%以上的叶片出现叶色变化，叶片颜色为暗灰红色。色叶期3周左右，落叶期12月上旬左右。病虫害同普通乌桕，有乌桕黄毒蛾、刺蛾类等害虫，不宜作为城镇行道树、公园景观树等。

选育联系人：浙江省林业科学研究院，李因刚等；联系电话：0571-87798027。

树种4：玉兰

❶ 品种名称：'帝宝'

◆ **审定编号**：浙R-SV-MLS-011-2019。

◆ **品种特性**：灌木，叶片形态更接近父本。试验表明，花瓣数9枚，分为外轮、中轮、内轮，中轮花瓣最大，外轮花瓣约为中轮的一半，具白色或粉色的斑带，卷曲，间于亲本之间。花瓣紫红色，内部带有紫红色晕。花初开时为紫红色，凋谢时略淡。雄蕊数约60枚，深红色；雌蕊数45～48枚，柱头深红色。区域试验表明，花期为3月，最佳观赏期为3月中下旬。

选育联系人：浙江农林大学，申亚梅等；联系电话：0571-63748615。

❷ 品种名称：'帝韵'

◆ **审定编号**：浙R-SV-MS-012-2019。

◆ **品种特性**：乔木型，叶片形态似亲本，株型紧凑。试验表明，花瓣数9枚，分为外轮、中轮、内轮，中轮花瓣最大，花瓣长7.2~9.1厘米，宽3.7~6.0厘米。花瓣偏紫红色，内部带有紫红色晕。花初开时为深紫色，凋谢时为紫红色。雄蕊数约53枚，长0.9~1.1厘米，紫红色；雌蕊数约48枚，柱头紫红色。区域试验表明，花期和最佳观赏期为3月中下旬。

选育联系人：浙江农林大学，申亚梅等；联系电话：0571-63748615。

树种5：紫玉兰

品种名称：'红元宝'

◆ **审定编号**：浙S-SV-ML-010-2019。

◆ **品种特性**：灌木。花期3—4月，花叶同时开放，6月出现二次开花，果期8—9月，最佳观花期为3月中下旬、6—8月。

选育联系人：浙江农林大学，申亚梅等；联系电话：0571-63748615。

树种6：天目木兰

品种名称：'长花'

◆ **审定编号**：浙R-SV-MA-014-2019。

◆ **品种特性**：落叶乔木，树皮灰色，小枝褐色，疏生皮孔。叶长椭圆形，略侧向内卷。性状稳定。花蕾长椭圆形，花被片9枚，外轮略小，长椭圆形，基部桃红色，向上渐淡至白色；侧面向内略卷。花朵繁密，花期较长，二次开花；3月第1次开花，花色白色，6月开始二次开花，花色淡粉色，陆续开花至10月。极少结实。区域试验表明,最佳观赏期为3月、9月。

选育联系人:嵊州市林场,赵立永;联系电话:0575-83098078。

树种7:景宁木兰

品种名称:'景新'

◆ **审定编号**:浙R-SV-MS-013-2019。

◆ **品种特性**:灌木。花被片13～18(21)枚,花瓣狭长,排列有序,花色浅粉色至白色,每瓣心上缀着淡淡的紫红条纹,尤其是瓣背面的紫色条纹更清晰。树冠匀称,适应性强。3月开始先花后叶,缀满枝条,花较繁密。开花时间为10天左右。区域试验表明,最佳观赏期为3月上中旬。

选育联系人:浙江农林大学,申亚梅等;联系电话:0571-63748615。

树种8:钟花樱

❶ 品种名称:'红粉'

◆ **审定编号**:浙S-ETS-CC-013-2021。

◆ **品种特性**:2月下旬至3月上旬开花,花期长达15～20天;始花、盛花期早于'染井吉野'15天左右,花期比'染井吉野'长7～10天。花先于叶开放,花粉红色,盛开时花瓣几乎平展;花量密集,集中于枝顶,整体观赏效果较好。树体高大,生长速度快,地径生长量可达3～4厘米/年。适应性和抗性较强。侧枝粗壮,细枝较少,树冠欠充实紧凑,可以通过整形修剪在一定程度上得到改善。

选育联系人：浙江省林业技术推广总站，柳新红、徐梁等；联系电话：0571-87399299。

❷ 品种名称：'阳光樱'

◆ **审定编号**：浙S-ETS-CC-004-2018。

◆ **品种特性**：日本引进品种。落叶乔木，树形伞形，分枝稍抱拢，树冠紧凑。花先于叶开放，花量繁密；伞形花序，着花3朵，花朵水平略下垂开展；花粉红色，花径3.8~4.6厘米，花瓣5枚，宽卵状，脉纹明显，先端2裂，顶端有啮齿，稍褶皱；总梗长1.0~1.5厘米，小花梗长2.4~2.8厘米，被毛；萼筒钟状，暗红紫色；萼片微反折，卵状披针形，无毛，全缘疏有缘毛。成熟果实黑色，直径约10厘米。3月中旬开花，花期10天左右，始花、盛花期较'染井吉野'早3天左右。

选育联系人：浙江省林业技术推广总站，柳新红、徐梁等；联系电话：0571-87399299。

树种9：日本晚樱

品种名称：'松月'

◆ **审定编号**：浙S-ETS-CS-003-2018。

◆ **品种特性**：日本引进品种。落叶小乔木，树形伞形。幼叶黄绿色，花多集生于枝顶呈球状，花蕾红色，多边形状，花粉红色，下垂，花瓣质薄，花柱高于雄蕊。花叶同放；伞形或伞房花序，着花2~5朵；花径4.0~4.8厘米，花瓣21~30枚，外侧花瓣近圆形，先端有啮齿。萼片5枚，有时6~7枚，卵状三角形，先端圆钝，长约8毫米，有锯齿。花各部无毛。4月初至4月中旬开花，花期15天左右,始花、盛花期晚于'染井吉野'。

选育联系人:宁波市鄞州区林业技术管理服务站,袁冬明;联系电话:0574-87419832。

树种10:大叶早樱

品种名称:'八重红枝垂'

◆ **审定编号:** 浙S-ETS-CS-002-2018。

◆ **品种特性:** 日本引进品种。树形伞形,近先花后叶,花粉色,半重瓣。1~3年生枝条柔软细长,下垂,花径1.7~2.5厘米,花瓣11~20枚。3月下旬至4月上旬开花,花期15天左右,始花、盛花期晚于'染井吉野'。

选育联系人:宁波市鄞州区林业技术管理服务站,袁冬明;联系电话:0574-87419832。

树种11:梅花

❶ 品种名称:'丽颜朱砂'

◆ **审定编号:** 浙S-SV-PM-009-2020。

◆ **品种特性:** 朱砂品种群中的优良品种。花浅碗形,规则整齐,平均花径2.55厘米;花瓣鲜红色,背面略深于正面;花瓣13~20(17)枚,多为圆形,平展;雄蕊辐射着生,花丝白色;具有典型梅香;结实较少。与同类品种相比,着花繁密,花色艳丽,有色晕。杭州地区盛花期为2月下旬。生长势旺盛。

选育联系人:浙江农林大学,赵宏波等;联系电话:0571-63748611、13588883552。

❷ 品种名称：'素雅绿萼'

◆ **审定编号**：浙S-SV-PM-010-2020。

◆ **品种特性**：绿萼品种群优良品种。花浅碗形；花萼绿色；花瓣圆形；雄蕊辐射着生，花丝白色，与花瓣近等长或略长；具有典型梅香；结实较少。与同类品种相比，花萼翠绿，清新淡雅，花蕾有中心孔，花瓣圆形。杭州地区盛花期为2月下旬。生长势旺盛。

选育联系人：浙江农林大学，赵宏波等；联系电话：0571-63748611、13588883552。

树种12：紫薇

❶ 品种名称：'白雪'

◆ **审定编号**：浙S-SV-LI-017-2020。

◆ **品种特性**：来源于实生优良单株。小乔木，半直立型，干皮褐色，剥落；叶片椭圆形和倒卵形，叶背微被柔毛，幼叶绿色，成熟叶深绿色；花芽球形，绿色，缝合线微突起；花萼微具棱；花白色，瓣爪紫红色，为纯净白色花的紫薇品种。花期7—9月。

选育联系人：浙江省林业科学研究院，陈卓梅、王金凤、周琦等；联系电话：0571-87798210、0571-87798072。

❷ 品种名称：'幻粉'

◆ **审定编号**：浙S-SV-LI-018-2020。

◆ **品种特性**：来源于实生优良单株。乔木，干皮褐色，剥落；枝条直立；叶片椭圆形，幼叶绿色，成熟叶深绿色；花芽球形，绿色，微带红色；花萼微具棱；花中心白色，初开时边缘粉红色，几小时后颜色稍变浅，至第二天边缘颜色褪至淡粉紫色，为优良复色花品种。花期7—9月。

选育联系人：浙江省林业科学研究院，陈卓梅、王金凤、周琦等；联系电话：0571-87798210、0571-87798072。

❸ **品种名称**：'沁紫'

◆ **审定编号**：浙S-SV-LI-019-2020。

◆ **品种特性**：来源于实生优良单株。小乔木，半直立型，干皮褐色，剥落；叶片椭圆形，叶背微被柔毛，成熟叶深绿色；花芽圆锥形，绿中带红，缝合线微突起；花萼微具棱；花径中等，花紫罗兰色，瓣爪颜色同花色，为优良纯净紫色花堇薇品种。花期7—9月。不结实。

选育联系人：浙江省林业科学研究院，陈卓梅、王金凤、周琦等；联系电话：0571-87798210、0571-87798072。

树种13：桂花

品种名称：'长庚桂'

◆ **审定编号**：浙S-SV-OF-012-2021。

◆ **品种特性**：花期9月下旬至10月上旬，具芳香，花冠淡黄色。果实紫黑色，4月下旬成熟脱落。生长迅速，定植后地径平均每年增长1.66厘米，树高年增长43.49厘米。适应性较强，抗旱、抗寒性能好，较喜阳光，亦能耐阴。

选育联系人：浙江省林业科学研究院，韩素芳等；联系电话：0571-87798227。

树种14：微花连蕊茶

品种名称：'春江红叶微连'

◆ **审定编号**：浙S-SV-CM-021-2020。

◆ **品种特性**：来源于实生苗优良单株。生长较快，春季、夏季抽生嫩枝长度50～60厘米，当年生嫩枝粗0.3～0.4厘米，花枝长30～40厘米，花芽腋生，花朵数量15～20朵/枝。2月下旬至3月底开花，花枝繁密。春季嫩叶鲜红色，15～20天后，逐渐转为绿色；秋季叶色红色或红褐色，持续30～40天后，叶色逐渐转为暗红色、红绿色和绿色。

选育联系人：中国林业科学研究院亚热带林业研究所，李纪元；联系电话：0571-63310094。

树种15：山茶

品种名称：'好运来'

◆ **审定编号**：浙S-SV-CJ-009-2019。

◆ **植物新品种授权号**：20200156。

◆ **品种特性**：常绿小乔木，直立性好，主干明显，自然树干生长均匀，呈圆球形；叶片椭圆形，长8～12厘米，宽3~5厘米，先端尖形，呈尾状，边缘有细锯齿；花型为牡丹重瓣型，花冠直径13~15厘米，最大18厘米，顶生，花瓣27~35枚，倒心形，粉红色，先端略凹。花期12月中下旬至翌年4月下旬，花量较大，紧凑，花蕊先露，盛花期2—4月，花瓣分瓣脱落数枚，然后整朵脱落，不挂在枝条上。

选育联系人：东阳市歌山镇绿峰珍稀花卉苗木场，胡祖兰、胡文翠；联系电话：0579-86519236。

树种16：杜鹃花

❶ 品种名称：'红阳'

◆ **审定编号**：浙S-SV-RH-012-2020。

◆ **品种特性**：'粉蝴蝶'（母本）与'琉球红'（父本）杂交选育而成。常绿，生长强健，株型整齐，枝叶茂密。花序伞状顶生，有2~4花，重瓣，深粉红色，大花型，花期在金华为4月下旬至5月初。与亲本相比，花径更大，花瓣更多。花期正值"五一"期间，其他杜鹃花开花很少。抗病性较强，耐强光，耐40℃高温，不耐盐碱，不耐积水。要求种植土EC值≤1，pH为4.5~6.5。

选育联系人：金华市永根杜鹃花培育有限公司，方永根；联系电话：0579-82760737。

❷ 品种名称：'盛春8号'

◆ **审定编号**：浙S-SV-RH-013-2020。

◆ **品种特性**：常绿，生长强健，株型整齐，枝叶茂密。花序伞状顶生，有2~3花，重瓣，红紫色，大花型，花期在金华为4月上中旬。花红紫色,花径较大,观花期较长,花量大。抗病性较强,耐强光,耐高温,不耐盐碱,比普通毛鹃耐积水。要求种植土EC值≤1,pH为4.5～6.5。

选育联系人:金华市永根杜鹃花培育有限公司,方永根;联系电话:0579-82760737。

树种17:高山杜鹃

品种名称:'诺娃'

◆ **审定编号:**浙S-ETS-RL-014-2021。

◆ **品种特性:**常绿灌木。花期4月底至5月中旬。在海拔600米以上地区能耐短期40℃高温、-16℃低温。

选育联系人:浙江农林大学,楼雄珍等;联系电话:0571-63748615。

树种18:鸡爪槭

❶ 品种名称:'流泉'

◆ **审定编号:**浙S-ETS-AP-005-2018。

◆ **品种特性:**日本引进品种。茎干虬状扭曲,枝条细密下垂;单叶对生,掌状5～7裂,裂片披针形,先端锐尖,边缘具细锯齿;3—4月芽萌发,嫩叶黄绿色,成熟后变为绿色;春夏季叶色为绿色,降霜后,秋叶渐变为红色或橙红色,持续期约30天。

选育联系人:宁波城市职业技术学院,祝志勇、林乐静、林立等;联系电话:13805833862。

❷ **品种名称**:'狮子头'

◆ **审定编号**:浙 R-ETS-AP-011-2020。

◆ **品种特性**:日本引进品种。阔叶落叶小乔木,叶边缘具粗锯齿,因裂片像狮子卷毛一样而得名;节间短,单叶对生,掌状5~7裂,裂片披针形,先端渐尖;小叶裂片层层展开,新叶(3月)黄绿色,后渐渐变为绿色(4月),秋季(10月)叶色变为红色或橘红色。弱阳性树种,半耐阴,夏季不易焦叶;喜温凉湿润气候。生长速度缓慢,病虫害较少。

选育联系人:宁波城市职业技术学院,祝志勇、林乐静、林立等;联系电话:13805833862。

树种19:秀丽槭

品种名称:'金秀丽'

◆ **审定编号**:浙 S-SV-AE-011-2020。

◆ **植物新品种授权号**:20180046。

◆ **品种特性**:来源于野生实生单株。枝干在当年12月至翌年4月呈金黄色,色泽鲜艳,具独特观赏性(对照品种'寒绯'枝干为黄绿色,持续时间一般为当年11月至翌年2月)。观赏期较长,最佳观赏期为1—2月。临安试验点发芽期一般在3月中旬,展叶期为4月上旬,落叶期为11月中旬,叶色金黄。喜全光、温暖湿润的环境。

选育联系人:杭州啄木鸟古树救护有限公司,陈一锋;联系电话:0571-63876518。

树种20：石蒜

❶ 品种名称：'国庆红'

◆ **审定编号：** 浙S-SV-LR-015-2021。

◆ **品种特性：** 花期9月下旬至国庆节前后，对短期高温（40℃）和低温（-18℃）有较强的耐受性，易栽培管理。花有微毒。

选育联系人：浙江农林大学，童再康、高燕会等；联系电话：0571-63740859、0571-63743853。

❷ 品种名称：'映红'

◆ **审定编号：** 浙S-SV-LY-024-2020。

◆ **品种特性：** 秋季（9月下旬）出叶，翌年4月下旬开始枯叶，花期8—9月，不结实。花色独特，是石蒜属中少见的粉色系品种，花被片强度反卷，边缘中度皱缩，腹面具橙黄色条纹，背面具淡绿色中肋。适生于光照充足、土壤深厚疏松的环境。不耐涝，受冻害叶片光合能力大幅下降。

选育联系人：杭州植物园，张鹏翀等；联系电话：0571-87961908。

树种21：北美冬青

品种名称：'美斯特'

◆ **审定编号：** 浙R-ETS-IV-012-2020。

◆ **品种特性：** 美国引进品种。植株高80～100厘米。9月下旬果色转红，12月中旬落叶，挂果期至翌年3月。

年生长量小，结果枝年生长10～15厘米，株型紧凑，不偏冠。喜阳光，喜肥沃的微酸性至中性土壤；夏季喜凉爽环境，抗寒性强；不耐高温、高湿气候。

选育联系人：杭州润土园艺科技有限公司，余有祥等；联系电话：13906536526。

树种22：南天竹

品种名称：'红艳'

◆ **审定编号**：浙S-SV-ND-006-2018。

◆ **植物新品种授权号**：20180306。

◆ **品种特性**：秋冬及早春全株叶色鲜红，叶片变色期一般在11月至翌年3月。树姿直立，株型紧凑，枝干量多；小叶片窄卵形，叶面平整、较光洁。区域试验结果表明，色叶最佳观赏期一般在1月中下旬。

选育联系人：浙江森禾集团股份有限公司，王春；联系电话：0571-28932222。

树种23：紫珠

品种名称：'金叶'

◆ **审定编号**：浙R-SV-CB-004-2021。

◆ **品种特性**：来源于紫珠实生后代中的新叶金黄色变异优株。落叶灌木，新叶金黄色，单叶金黄色持续时间约60天，成熟叶片转为黄绿色，最佳观赏期为3—6月。聚伞花序，花冠紫色。果实球形，成熟时紫色。花期6—7月，果期8—12月。喜光照充足，适应性较强，耐修剪，耐湿热，耐干旱瘠薄，病虫害较少。

选育联系人：浙江省亚热带作物研究所，郑坚等；联系电话：13906632616。

二、玉树临风（珍贵用材生态林木）

（一）珍贵树种

树种1：小叶蚊母

品种名称：'黄花小叶蚊母'

◆ **审定编号：**浙S-SV-DB-022-2020。

◆ **品种特性：**常绿灌木。花期2月上旬至3月中旬；黄色穗状花序，长0.8~3.2厘米，腋生，较密集；枝条萌发能力较强，一年中可多次抽梢，侧枝开张角度较小，枝叶较密集，耐修剪；节间短而均匀，皮孔较少，当年生木质化枝条绿色。适应性较强，喜光耐阴，喜肥耐瘠。生长速度中等，根系发达，栽培成活率较高。

选育联系人：丽水市生态林业发展中心，周正廷；联系电话：0578-2188065。

树种2：红豆树

品种名称：庆元县实验林场红豆树母树林种子

◆ **审定编号：**浙S-SS-OH-001-2021。

◆ **品种特性**：种子千粒重620～850克，场圃发芽率≥70%。种子繁殖较易，适应性较强，10年生子代林平均胸径10.68厘米，平均树高6.25米。具有较耐寒、早期（苗期和幼林期）速生、干形通直满圆、树形好等特点。

选育联系人：庆元县实验林场，张东北等；联系电话：0578-6121711、13867064286。

树种3：小叶青冈

品种名称：庆元交溪门小叶青冈母树林种子

◆ **审定编号**：浙R-SS-CM-001-2021。

◆ **品种特性**：干形通直满圆，材质较优良，根系发达，适应性较强，抗寒性较好，较耐瘠薄。10月下旬至11月上旬成熟，种子千粒重1250～1600克，场圃发芽率≥72%。1年生子代容器苗平均地径0.45厘米，平均苗高39.3厘米；2年生子代容器苗平均地径1.17厘米，平均苗高123.2厘米。

选育联系人：庆元县实验林场，张东北等；联系电话：0578-6121711、13867064286。

树种4：刨花楠、紫楠

品种名称：建德寿昌林场刨花楠、紫楠母树林种子

◆ **审定编号**：浙S-SS-MP(PS)-002-2021。

◆ **品种特性**：刨花楠造林13年时，平均树高12.3米，平均胸径15.2厘米，花期4月，果期6—7月。紫楠造林10年时，平均树高7.2米，平均胸径10.3厘米，花期5—6月，果期10—11月。树干通直，

四季常绿，材质较优良，种子繁殖容易，适应性较强。

选育联系人：建德市寿昌林场，周振琪等；联系电话：0571-64712429、15988163081。

树种5：降香黄檀

品种名称：温州降香黄檀母树林种子

◆ **审定编号**：浙S-SS-D0-003-2021。

◆ **品种特性**：在温州地区表现为半落叶性状，3月下旬至4月上旬发新叶，5—6月开花，果实11月至翌年2月成熟。心材颜色为棕褐色，耐寒性较好，但在极端低温环境下仍需做好防寒措施。6~8年形成心材，郁闭后移植50%以扩大生长空间，30~80年后采伐。

选育联系人：浙江省亚热带作物研究所，李效文等；联系电话：17757700721。

树种6：浙江楠

品种名称：浙江楠岱根01家系

◆ **审定编号**：浙R-SF-PC-002-2021。

◆ **品种特性**：5年生开始开花结实，9年生全部结实，单株年均结实0.8千克，最高达2.8千克，5—7月新叶淡黄色，景观优美。连续3年每年抚育2次。林苗一体的纯林栽培模式，宜以达到郁闭为依据及时移栽幼树以促进保留株的生长与树冠形状；配套模式栽培时，需及时间伐非目的树种以促进生长。注意病虫害防治。

选育联系人：浙江农林大学，童再康等；联系电话：0571-63740859。

树种7：檫木

品种名称：余杭檫木母树林种子

◆ **审定编号**：浙 S-SS-ST-002-2017。

◆ **品种特性**：花期较早，始花期为2月初；花量大，花色鲜艳，色泽一致；秋季叶片颜色多为黄色、红色和淡红色。

选育联系人：中国林业科学研究院亚热带林业研究所，刘军；联系电话：0571-63131172、13588395326。

树种8：赤皮青冈

品种名称：庆元县实验林场赤皮青冈实生种子园种子

◆ **审定编号**：浙 R-SSO-CG-001-2019。

◆ **品种特性**：建园母树8年生平均胸径12.26厘米，平均树高6.72米，生长量较一般群体提高10%以上，树干通直，树冠窄，适应性较强。试验表明，种子园子代苗期速生性良好。

选育联系人：庆元县实验林场，张东北等；联系电话：0578-6121711、13867064286。

树种9：普陀樟

品种名称：舟山市林业科学研究院普陀樟母树林种子

◆ **审定编号**：浙 R-SS-CJ-002-2019。

◆ **品种特性**：滨海特有的观叶、观果植物。根系发达，适应性强，具有耐旱、耐寒、耐水湿、耐盐雾、耐瘠薄、抗海风等特性，遗传稳定性高。主要用于舟山海岛生态修复树种。

选育联系人：舟山市林业科学研究院，李定胜等；联系电话：0580-8262959。

（二）用材林树种

树种1：杉木

❶ 品种名称：浙江杉木3代种子园种子

◆ **审定编号**：浙S-CSO(3)-CL-001-2020。

◆ **品种特性**：建园材料来源于10～13年生杉木2代种子园家系子代林、杂交子代林和无性系测定林中选择出的生长和材质兼优的单株。经子代多点测定，杉木采伐迹地或海拔较高的马尾松采伐迹地造林6年生时，平均单株材积为0.0133～0.0244立方米，比对照杉木2代种子园种子（平均单株材积为0.0110～0.0197立方米）材积提高了20.97%～23.86%。

选育联系人：中国林业科学研究院亚热带林业研究所，何贵平等；联系电话：0571-63105071。

❷ 品种名称：红心杉木无性系H11

◆ **审定编号**：浙R-SC-CL-003-2020。

◆ **品种特性**：该品种来源于江西红心杉木种子园子代优良单株无性系。马尾松采伐迹地造林7年生时，平均单株材积为0.0646立方米，平均木材基本密度为0.3425克/立方厘米，与2个无性系试验对照[审（认）定良种K3、K24]相比，平均材积提高了35.15%，木材基本密度提高了9.67%。造林成活后和间伐后可适当施肥。

选育联系人：中国林业科学研究院亚热带林业研究所，何贵平等；联系电话：0571-63105071。

树种2：柏木

品种名称：姥山柏木1.5代无性系种子园种子

- **审定编号**：浙R-CSO(1.5)-CF-002-2018。
- **品种特性**：由优选亲本组成，其混系种子群体表现为生长较快，干形通直，材质优良，适应性强。15年生家系子代测定结果表明，15个建园亲本无性系子代平均树高、胸径和材积分别为8.94米、10.56厘米和0.05227立方米，较对照分别提高了19.52%、23.80%和57.56%。

选育联系人：中国林业科学研究院亚热带林业研究所，金国庆等；联系电话：0571-63320561。

（三）生态防护树种

树种1：木麻黄

品种名称：'亚林50'

- **审定编号**：浙R-SC-CE-005-2020。

◆ **品种特性**：实生苗造林幼林中选择出的苗期较耐寒单株无性系。造林2年生时，平均树高2.70～4.49米，平均胸径2.43～4.29厘米。适宜海涂盐碱地造林，-6.5℃以上时没有明显冻害。

选育联系人：中国林业科学研究院亚热带林业研究所，何贵平等；联系电话：0571-63105071。

树种2：秋茄

品种名称：龙港秋茄母树林种子

◆ **审定编号**：浙S-SS-KO-004-2021。

◆ **品种特性**：常绿小乔木，具较强抗寒性（半致死温度为-9℃），抗风，病虫害少。耐盐碱，适生于1.9米以上，海水盐度25‰以下的滩涂区域。造林后，需3年管护期，加强蚧虫、潜叶蛾的防治。适宜在浙江温州及台州玉环以南等沿海滩涂种植。

选育联系人：浙江省亚热带作物研究所，杨升等；联系电话：15558815157。

第三章
林业良法篇

第一节　种质资源创新及高效栽培技术

1. 技术名称：油茶高产优质新品种选育及示范

主要创新与贡献：①新增油茶种质资源503个，选育出杂交优良无性系4个，产量超过对照30.4%~90.8%。②选出高产稳产优良无性系6个；长瓣短柱茶高产优良无性系7个，特异塔形无性系1个；多齿红山茶早花无性系1个。③选育浙江红花油茶hy28、hy54、hy179无性系和特早花ny1、白花无性系。④确定'长林4号''长林18号''长林26号''长林53号'为山地、丘陵优良发展良种，'浙林1-17号'为浙中丘陵发展良种。

联系人及联系电话：姚小华，0571-63310094。

2. 技术名称：油茶品种鉴别与生态培育技术

主要创新与贡献：①以长林系列油茶良种为代表，首次建立基于特征引物-基因型鉴别油茶品种的分子技术体系。②首次建立油茶优良品种红外图谱模式识别技术，编制良种红外光谱鉴别操作规范。③提出一种油茶林生态保育复合栽培模式，通过在油茶林间种植具有固氮、培肥功能的豆科植物，促进油茶生长，提高油茶产量。④研发出促进油茶花芽分化和提高坐果率的植物生长调节剂与营养元素配合施用技术。

联系人及联系电话：李海波，0571-87798205。

3. 技术名称：浙林系油茶高效丰产栽培技术体系

主要创新与贡献：①研究17个浙林系油茶品种特性，重点针对'浙林1号''浙林2号''浙林5号''浙林6号''浙林8号''浙林10号'油茶形成芽苗砧嫁接技术细则。②研究浙林系油茶品种配置方式。结合幼林管理技术，小范围推广油茶幼林-山稻生态化经营技术。③结合清理、垦复、高接换种，实施精准测土配方示范技术，推广低产林改造340亩，土壤有效水含量提升15.07%，有机质提升10.79%，土壤速氮、速磷、速钾均不同程度提升。

联系人及联系电话：韩素芳，0571-87798227。

4. 技术名称：木麻黄等3个沿海常绿树种耐寒种质引选与应用

主要创新与贡献：①提出野外自然选择与室内耐寒性测试分析相结合的耐寒种质引选技术，共筛选出木麻黄、桉树和小叶榕3个树种耐寒种质14份。②首次在分布北缘提出耐寒种质的筛选指标，揭示耐寒种质耐寒机理。③对耐寒种质的配套育苗和造林技术进行综合集成，解决3个树种耐寒种质配套的育苗和造林技术。④确定3个树种耐寒种质在浙江省的适生区域，对不同种质的耐寒性进行评比、评价。

联系人及联系电话：张晓勉，0571-87798205。

5. 技术名称：杨梅良种选育及产业提升关键技术研究与应用

主要创新与贡献：①建立国内杨梅种质较为丰富的资源圃，解析果实发育和品质形成的生物学机理。②选育7个杨梅新品种，改进嫁接技术，构建杨梅品种杂交群体。③建立在杨梅林下套种白及、金线莲和麦冬等中草药的林-药套种栽培模式，集成创新避雨、疏花疏果、病虫防治等栽培关键技术，构建优质高效综合栽培技术体系。④集成创新杨梅酒、杨梅白兰地、冻干杨梅等产品的加工技术，改进和建立预冷、包装、温湿度控制、乙醇熏蒸防腐、温湿度实时远程智能监控等采后保鲜、冷链、贮运等相关技术体系。

联系人及联系电话：张望舒，0574-27800706。

6. 技术名称：杨梅种质创新与生态高效经营关键技术及应用

主要创新与贡献：①主持制定杨梅新品种DUS测试行业标准，首次完成杨梅全基因组测序，解决父本选择难的问题。②育成'早佳''早鲜''早荠蜜梅''早色''晚荠蜜梅''黑晶'等熟期配套品种。'早佳'为成熟最早的品种，树体较为矮化，适宜设施种植；'早鲜'具有耐低温、果实大、品质好等优点，有利于北移种植。③研发出以倒"众"整形为核心的矮化技术，成熟期提早15~20天。

联系人及联系电话：戚行江，0571-86404568。

7. 技术名称：浙南特色柑橘新品种选育及提质增效关键技术

主要创新与贡献：①建立由81份柚类种质（特有28份）相对完备的种质资源圃和80余项生物学性状、经济性状构成的信息库；选育出'浙农无核橙柚''古磉柚''红肉四季柚''浙柚1号'等4个新品种。②阐明浙江柚类裂果的生化机理，建立基于异花授粉防控柚类裂果的技术体系。③明确柚和瓯柑树体养分吸收规律与果实品质形成的相关性，提出养分管理技术体系，研制出有机无机专用复混肥和矫治缺铁失绿症叶面肥。

联系人及联系电话：林绍生，0577-88524697。

8. 技术名称：浙江名优柿良种选育及保鲜加工关键技术研究与示范

主要创新与贡献：①首次系统收集保存浙江省名优柿种质资源，建立34份柿种质资源保存库，审定良种1个、优异种质2个。②揭示茶-柿高效栽培提高产品品质和效益的机制，集成创新矮化整形修剪、高位环剥、物理防治虫害等技术，提高产量、品质和安全性。③揭示20%遮阴及铺设反光膜处理'方山柿'果实发育过程中营养品质变化规律，明确最佳采收期。研发1℃＋1-MCP＋5% CO_2 保存条件，延长储藏期。

联系人及联系电话：程诗明，0571-87798205。

9. 技术名称：优质特色柿新品种选育与示范

主要创新与贡献：①收集柿种质资源310份，建立省级柿种质资源圃1个，审（认）定'方山柿''兰溪大红柿''富春早生''太秋'等4个品质好、有市场前景的优良品种。②获得优良育种中间材料12份；针对甜柿砧穗亲和性难题，选出与'富有'甜柿早期亲和性好的砧木材料2种，初步探明影响甜柿嫁接亲和性的生理机制。③制作柿栽培模式图1份，良种推广到广大南方地区，甜柿亩收入1万元~3万元。

联系人及联系电话：龚榜初，0571-63310009。

10. 技术名称：'方山柿'设施栽培、贮藏及加工关键技术研究与示范

主要创新与贡献：①首次使用温度预处理精准控时催熟'方山柿'。控时3天催熟的'方山柿'，果实品质显著提高。②采用综合保鲜技术处理'方山柿'以达到长期保鲜效果（130天）。③首次利用遮阴和反光膜处理提高'方山柿'产量和果实品质。采用20%遮阴及铺设反光膜处理,促进果实提早成熟。④首次使用低温和微波预处理,改进柿饼的加工工艺,减少霉菌的污染,缩短生产周期,开发'方山柿'果皮饮料、柿酒等新产品。

联系人及联系电话:陈招才,0579-87140169。

11. 技术名称:山苍子优良家系选育技术

主要创新与贡献:①针对山苍子主产区贵州、福建、江西、浙江等省产业发展现状和相关领域技术现状、发展趋势分析,选育出高产种源3个,高产山苍子家系5个,其果实精油含量约为4.45%,高于平均果实精油含量(3%)。按丰产期计算,亩产鲜果量约为1500千克,按照精油的市场价格100元/千克计算,亩产经济效益可从810元提高至6675元,亩产经济效益可提高约2175元。②建立无性育苗技术体系。

联系人及联系电话:汪阳东,0571-63310009。

12. 技术名称:山茶花新品种选育及产业化关键技术

主要创新与贡献:①以杜鹃红山茶作为骨干育种亲本,开展与其他山茶属物种品种进行人工授粉杂交与回交,从52个杂交组合中筛选出217个新品种。其中16个获得国家林业和草原局植物新品种权,15个获得国际茶花协会登录。②系统阐明山茶夏季花芽分化与夏季盛花的分子调控机制。③深入揭示山茶花型、黄色花、林型性状形成的分子调控机制。

联系人及联系电话:李纪元,0571-63310009。

13. 技术名称：金花茶引种与设施培育利用技术研究

主要创新与贡献：①引进金花茶物种6个，建立引种示范基地30亩。筛选出2个观赏与饮用兼用的优良物种，填补浙江省金花茶设施栽培种质资源空白。②筛选出适合浙江设施栽培的耐冬茶花/金花茶和连蕊茶/金花茶优良砧穗组合2个，嫁接成活率达95%。形成大规格设施培育技术1套。③研发设施鲜花冻干和烘干加工工艺，开发饮用产品2个。

联系人及联系电话：祝泽刚，0579-82050456。

14. 技术名称：北美冬青优新品种引进及产业化关键技术研究与应用

主要创新与贡献：①引进北美冬青优新品种13个，筛选出北美冬青优新品种5个，审定'奥斯特'省级良种1个。②突破北美冬青嫩枝扦插繁殖技术难题，形成快繁技术体系；建立北美冬青良种不定芽增殖、生根以及胚性愈伤组织诱导、体胚发生体系，为北美冬青良种组培工厂化育苗和遗传转化体系的建立提供技术平台。③突破以营养调控技术为核心的成品培育关键技术，显著提升观赏品质。

联系人及联系电话：余有祥，13906536526。

15. 技术名称：香榧适生立地评价与提质增效经营技术研究

主要创新与贡献：①构建香榧遥感识别与空间分布制图技术，揭示香榧适生立地条件及其主要影响因子，发现水分是关键因子，香榧对海拔、坡度和坡向等因子具有高度选择性。②通过良种选育、实生榧树多头改造、嫁接榧树再改造等改造技术，育成香榧良种'东榧2号'和'东榧3号'；研发香榧－鼠茅草、香榧－皇菊花、香榧－白及等7种针对不同立地条件复合经营模式。③建立香榧生态高效经营示范基地1.96万亩，推广应用14.7万亩，审（认）定省级良种2个。

联系人及联系电话：沈爱华，0571-87396032。

16. 技术名称：主要经济林废弃物基质化利用关键技术研究与示范

主要创新与贡献：①攻克油茶果壳、山核桃果壳、板栗果壳等经济林废弃物与不同辅料高温有氧发酵关键技术，创制发酵产品腐熟度和安全性量化评价指标。②攻克高皂素油茶果壳发酵过程中皂素降解关键技术，使发酵产品中皂素含量达到安全阈值；通过碳氮比调节技术，突破高木质素山核桃果壳发酵过程中的升温障碍。

联系人及联系电话：张金萍，13486381551。

17. 技术名称：锥栗高效生产关键技术

主要创新与贡献：①筛选出4个锥栗主栽品种的最佳授粉树品系，配置授粉树后坐果率均在67.2%以上，不同品种坐果率提高28.16%～61.37%。②明确锥栗种植最适宜密度（20～30株/亩）、大树适宜修剪强度以及增产施肥方案，筛选出适宜华东地区锥栗林下套种的牧草及中药材等，形成一套集品种配置、大树改接、优化林分结构、深挖垦复、测土施肥、林地套种等技术的锥栗高效生产技术体系，不同单项技术应用后增产13.4%～122%。

联系人及联系电话：江锡兵，0571-63310009。

18. 技术名称：优新经济竹类产业化开发关键技术集成与示范

主要创新与贡献：①引进各类竹种100余种，优良观赏、笋用竹种10余种，引种成活率在95%以上。②研发优良种苗规模化扩繁技术体系，建成种苗生产基地1325亩，设计建设以竹子为主题的文化公园和景点3处，实现新增种苗销售收入1300万元，增加旅游收入3730万元，经济、社会效益显著。

联系人及联系电话：应叶青，0571-63748615。

19. 技术名称：特色笋用竹种发掘及高质培育技术

主要创新与贡献：①发掘四季竹、高节竹、苦竹、黄甜竹4种特色笋用竹，阐明海拔、覆土控鞭、有机材料覆盖、土壤养分补充和竹笋采收时间等对特色笋用竹竹笋品质形成的影响及其机制。②创新集成地形因子选择、林分结构调控、土壤养分精准管理、覆土控鞭、有机材料覆盖、科学采笋等特色笋用竹高质高效培育技术。③竹笋增产20%以上，技术增益15%以上，竹笋粗糙度、酸涩味显著减弱，甜味、香味显著增强，竹笋品质明显改善。

联系人及联系电话：郭子武，13646717436。

20. 技术名称：毛竹林鞭笋高效培育关键技术创新及应用

主要创新与贡献：①11月初至12月中旬，用稻草15厘米，或稻草20厘米+砻糠15厘米，覆盖45~60天后撤除覆盖物，鞭笋平均增产141.0%，冬笋平均增产320.16%。②5月开始采挖鞭笋，平均产量增加53.01%。

③5月一次性施肥比5月、8月各施50%及8月一次性施肥对鞭笋分别增产29.19%、11.77%。④初冬开始短期覆盖，5月开始采挖鞭笋及一次性施肥，能形成鞭笋丰产更加有利的竹林结构。

联系人及联系电话：唐昌贻，0578-8140042。

21. 技术名称：毛竹笋用林经营模式创新

主要创新与贡献：①创新集成毛竹笋用林春笋早出经营模式。毛竹春笋始笋期精准调控到春节前10～15天，年均亩产量1966千克，亩产值达22102元，比常规经营模式提高334%。②创新集成毛竹笋用林冬笋高产经营模式。明确冬笋高产毛竹林精准管理要求，年均亩产量215千克，亩产值达5415元，提高183%。③系统研究连续覆盖早出毛竹林的土壤养分含量、酶活性及微生物生物量，阐明春笋早出毛竹林的土壤质量响应机制。

联系人及联系电话：李琴，0571-87798213。

22. 技术名称：衰退及冰雪灾害早竹林生产恢复关键技术研究与应用

主要创新与贡献：①首次对冰雪灾害早竹林生产恢复关键技术进行系统研究，分析早竹笋产量与气温、降水的关系，阐明早竹弯曲、断裂和翻蔸等不同灾害类型发生的规律。②创新衰退早竹林更新改造、覆盖早竹林种竹留养、土壤精准管理等生产恢复关键技术，加快衰退早竹林生产恢复。③创新技术推广模式，构建"投入品与技术直供服务网络"，打通基层技术推广"最后一公里"瓶颈。

联系人及联系电话：刘军，0571-86130277。

23. 技术名称：绿竹笋用林高效培育模式创新

主要创新与贡献：①创新提出绿竹笋用林长周期母竹留养的林分结构调整理论，通过地下笋芽分化状况调查，明确长周期母竹留养技术的理论可行性。②每4年留养1次母竹就能实现竹林的可持续经营，延长笋期，减少母竹数量，降低竹蔸清理和老竹砍伐劳动强度，有利于机械化作业。③在浙江苍南、平阳等地推广900多亩，单位面积亩均年增产150千克以上，年新增产值近300万元，辐射推广1000多亩。

联系人及联系电话：岳晋军，13567124241。

24. 技术名称：杉木高生产力优质新品种选育及示范

主要创新与贡献：①建成50亩杉木种质资源库，收集133份种质。营建3代种子园100亩、双系杂交种子园50亩和矮化设施育种园3亩。②4个杂交组合通过省级认定，认定3代种子园种子良种1个，获得与基本密度和心边材比等性状显著关联的14个位点。③营建全同胞子代测定林250余亩、无性系测定林50亩、示范林800余亩。

联系人及联系电话：黄华宏，0571-63748615。

25. 技术名称：杉木及主要珍贵树种良种种苗产业化关键技术推广

主要创新与贡献：①系统构建浙江省杉木1代至3代育种群体及木荷和红豆树育种群体，共收集保存杉木及主要珍贵树种种质资源2833份。②研究提出杉木双系杂交种子园3代无性系种子园营建技术，解决杉木无性系种子园矮化丰产稳产技术。③研创出杉木良种和红豆树等珍贵树种轻基质容器育苗精细化培育技术体系。④推广应用种子园丰产管理、容器苗培育和良种造林技术,形成完整技术体系。

联系人及联系电话:何必庭,0578-7760189。

26. 技术名称:优质高产光皮桦、杉木良种繁育及资源培育技术

主要创新与贡献:①熟化杉木与光皮桦组培快繁技术,繁育8个杉木优良杂交家系、30个光皮桦优良杂交家系。建立杉木矮干型采穗圃30亩,利用4个杂交组合营建30亩新型矮干杉木种子园。②建立20个光皮桦优良无性系的采穗圃20亩,建立移动式设施种子园5000平方米。③建立光皮桦优质种苗繁育基地。示范推广自然式混交、小块状混交、双行间混交和杉木大径材林套种光皮桦等4种栽培模式。

联系人及联系电话:童再康,0571-63748615。

27. 技术名称:楠木等5种珍贵树种种质资源保育与创新利用

主要创新与贡献:①研究揭示浙江楠、闽楠、桢楠、紫楠与光皮桦天然种群特征、资源现状及其种群遗传多样性,建立包含全分布区种质资源的异地保存库和基因数据库。②建立矮化设施育种园,聚合杂交创制新种质155份,建立具有聚合杂交、目标性状辅助选择的快速育种技术体系。③选育出浙江楠、闽楠和光皮桦优新品系15个并进行示范性应用,其中3个通过省级良种认定。率先建立光皮桦移动设施矮种子园和楠木实生苗种子园,实现良种的批量生产与应用。④制定浙江省地方标准DB33/T 919—2014《光皮桦栽培技术规程》。

联系人及联系电话:童再康,0571-63748615。

28. 技术名称：槭树种质资源创新与应用

主要创新与贡献：①从分子水平研究槭属植物的亲缘关系和系统发育，建立70余个种质的基因库和300多个品种的物种特性及园艺性状数据库。②研究槭属植物的热胁迫效应，筛选出一批热胁迫响应的关键候选基因；创新槭树高效育种技术体系，成功创制新种质100余个，自主培育粉红色、玫红色、黄色等色系及观果、观干等特异优良新种质50余个。③研发槭树苗木高效培育技术体系，提高育苗成效，丰富产品结构，大幅提高效益。④筛选及自主育成观叶、观果、观干的优新品种，采用全冠嫁接、树桩造景及花瓶造型等创新创意培育技术。

联系人及联系电话：祝志勇，0574-87415012。

29. 技术名称：一种樟树全冠绿化容器大苗快速培育方法

主要创新与贡献：香樟全冠绿化容器大苗快速培育技术提升传统绿化大苗培育模式，全冠苗出圃比例达91%以上，实现全季节出圃栽植应用，立地成景不需要缓苗期，且容器化培育模式不破坏圃地的耕作层。

联系人及联系电话：李因刚，13588380318。

30. 技术名称：柏木良种选育和繁育关键技术及应用

主要创新与贡献：①建立我国首个柏木育种群体，营建核心种质资源库，攻克柏木杂交制种关键技术，为柏木杂交亲本选配及长期育种奠定基础。②揭示了柏木生长、形质等主要经济性状存在显著的遗传变异，优选柏木新品系和创制新种质近百份,研创出矮化种子园营建模式及种子早实丰产技术体系。③研制柏木规模化扦插快繁技术体系,明确优选速生高产的良种(种子园、家系、无性系)育苗造林,拓宽柏木适生地范围及施肥需求。

联系人及联系电话:张振,0571-63316172。

31. 技术名称:木荷育种体系构建、良种选育和高效培育技术

主要创新与贡献:①收集木荷优树种质近千份,构建我国最大的木荷育种群体。②揭示木荷营养生长和生殖发育等生物学特性。③选育新品系和创制新种质上百份,研创出木荷矮化种子园营建模式及种子丰产技术。④突破木荷组培快繁技术,建立轻基质容器苗精细化培育技术体系。⑤提出木荷大径材定向培育技术体系,建立木荷大径材定向培育技术体系及栽培技术规程。⑥指导建立木荷1代无性系种子园1673亩,培育优质容器苗1700万株以上,组培苗2万株,实现产值1412万元;建立试验示范林15万亩以上。

联系人及联系电话:周志春,0571-63310009。

32. 技术名称:檫木、枫香等秋季彩叶树种良种选育与生态林景观彩化改造应用

主要创新与贡献:①收集檫木、枫香、无患子等树种的优树种质资源330份,营建国家级和省级种质资源库3处;选育早期速生、季彩效果突出的优良品系20个;育成审(认)定林木良种2个,培育枫香植物新品种4个。②研发形成檫木、枫香等轻基质容器大苗、切根地栽大苗生产技术,造林成活率达90%以上;突破枫香、

无患子品系扦插育苗技术，生根率为85%～90%；利用胚芽作为外植体，构建檫木组培再生体系；获得专利5项。③创新补植苗木快速实现景观彩化改造效果的模式，建成规模示范区3处。

联系人及联系电话：姜景民，13588395326。

33. 技术名称：湿地松遗传资源高产脂测评技术与定向育种

主要创新与贡献：①提供便捷实用的产脂遗传资源评价方法，形成高产脂育种技术体系，并建成高产脂育种基地，支撑良种选育和高效良种生产。②形成湿地松高产脂种质资源收集评价与高产脂资源建设技术，收集保存高产脂优树资源238份，筛选高产脂优良家系5个。

联系人及联系电话：姜景民，13588395326。

34. 技术名称：红树林造林技术

主要创新与贡献：①制定DB33/T 920—2014《红树林造林技术规程》等5项地方标准，规定红树林的规划设计、造林、抚育管理及验收等技术要求。②选育的抗寒红树植物良种"龙港秋茄母树林种子"（审定编号：浙R-SS-KO-005-2017）通过省级新品种审定，优化滩涂红树林、泥质海岸基干林带等配置模式和营林配套技术10个，构建营建技术体系和监测评价体系。

联系人及联系电话：陈秋夏，13906635980。

35. 技术名称：桂花种质创新与产业化应用

主要创新与贡献：①构建较为完善和系统的桂花育种技术体系，自主选育出桂花新品种29个。②阐明桂花花芽分化、花色呈现、花香释放等关键科学问题，建立桂花花期和品质调控技术体系。③构建高效繁育、容器化栽培、株型控制等技术体系，制定浙江省地方标准DB33/T 812—2010《桂花绿化苗木生产技术规程》，研发造型苗、容器苗和盆花等多种商品形式，创新产品形式，使桂花应用从单一的园林绿化拓展到多元化应用。

联系人及联系电话：胡绍庆，0571-86843082。

36. 技术名称：杜鹃花新品种多目标选育与高效培育关键技术

主要创新与贡献：①创新杜鹃花定向多目标优良品种选育体系，挖掘与花色、花香和抗寒相关的功能基因，利用芽变选种、杂交育种结合分子辅助育种获得新品种21个。②突破杜鹃花栽培的关键技术。探明杜鹃花盐、弱光、酸雨和水分胁迫的分子和生理机制，西洋杜鹃比毛鹃耐旱。集成创新花期调控、轻基质和组织培养快速育苗、精准设施环境和肥水调控以及造型等高效栽培技术体系。

联系人及联系电话：吴月燕，0574-88222222。

37. 技术名称：荷花和睡莲新品种选育及园林应用技术

主要创新与贡献：①累计收集和保存全球荷花、睡莲种质资源1063份，并进行适应性和观赏性状评价、筛选；选育出荷花、睡莲新品种70个。②开展睡莲功能基因研究，首次构建睡莲转基因技术体系，选育出耐低温热带睡莲品种。完成蓝星睡莲的基因组测序和破译，绘制睡莲线粒体基因组图谱；首次获得转codA基因的热带睡莲植株，提高热带睡莲的耐寒性，使热带睡莲可以在杭州露地越冬。③提出水生植物种植及配置技术，构建完整的水生植物园林应用技术体系，全面系统地解决水生植物园林应用中的19个技术难题。

联系人及联系电话：陈煜初，0571-87207900。

38. 技术名称：梅花种质资源收集、创新和产品开发

主要创新与贡献：①选育梅花优良品系30余个，申请国家新品种保护4个，筛选梅花不同用途（园林绿化、盆花、切花、香精）专用品种10个，根据花期、消费群体、消费习惯等进行适用性评价，初步开发盆栽、切花、香精系列产品4个。②开发梅花盆花轻基质栽培和花期调控技术、梅花切花高效培育和离体保鲜技术，降低梅花盆花和切花生产成本，延长产品市场销售时间。

联系人及联系电话：赵宏波，13588883552。

39. 技术名称：玉兰属观赏种质资源收集、新品种选育及产业化

主要创新与贡献：①收集玉兰属各类种质资源120份，通过评价，优选出51份优异种质，通过常规育种手段，获得新品种2个，筛选出适应性最强的物种——望春玉兰并进行扦插、春季嫁接以及组培繁殖研究。②开展产业化关键技术研究。③通过本项目的实施，有效挖掘浙江省特有玉兰资源。

联系人及联系电话：申亚梅，0571-63748615。

40. 技术名称：百合等切花新品种选育与产业化关键技术示范应用

主要创新与贡献：①建立百合品种间杂交、组间杂交有性多倍化和离体诱变等育种新技术；应用离体诱变育成优质抗病新品种'白雪公主'。②首次建立新铁炮百合杂交制种技术，研发制种亲本组培快繁、提高杂交结实率及促进果子发育的栽培新技术，提高种子产量和质量。③创新百合脱毒原种生产技术，研发出百合脱毒试管鳞茎瓶内快速膨大和脱毒原种鳞片扦插繁育技术，试管鳞茎当年抽茎率达46.5%。

联系人及联系电话：郭方其，13605813298。

41. 技术名称：叶用青钱柳定向培育技术研究与产品开发

主要创新与贡献：①系统揭示青钱柳在浙江省的资源分布、生长节律和物候学规律等生物学特性，研究低密度人工林的生长过程和生物生产力特征。②研究分析青钱柳苗期的光合作用特性。③研究提出利用青钱柳冬季截干造林或修枝所获得的1年生主干或当年生枝条为繁殖材料的扦插育苗方法以及破除种子休眠、提高种子出苗率的播种育苗技术，并提出采用截干造林的树形控制技术。

联系人及联系电话：柏明娥，0571-87798205。

42. 技术名称：新优花卉苗木引选及应用

主要创新与贡献：①研究推广新优花坛花种苗、球宿根花卉、中高档盆花、花境植物等生产集成技术体系，制作《观赏凤梨温室栽培技术》《草花生产技术》等视频。②研究建立一品红、凤梨等盆花越夏、花期调控、水肥调控、株型控制技术等栽培技术体系，颁布浙江省地方标准DB33/T 2063—2017《一品红盆花生产技术规程》、温州市地方标准DB3303/T 001—2018《安祖花生产技术规程》，选育并审定省新品种'大叶瞿麦'。

联系人及联系电话：张旭乐，0577-88524697。

43. 技术名称：彩叶乡土树种种质资源收集、选育和关键技术研究与示范推广

主要创新与贡献：①制定乡土树种引种评价体系，收集126种彩叶乡土树种共1738份种质资源。对收集到的种质资源进行保存、鉴定、评价和利用，从中选出彩叶乡土树种34种，并对其中的南天竹、枫香、乌桕等10种树种进行重点开发。②开展品种化研究，选育出一批遗传性状稳定的高观赏价值新品种和良种，一批新品种和良种获得授权和审定。③研发彩叶乡土树种的快繁与栽培关键技术，制定相应的地方和企业标准，相关专利获得授权。

联系人及联系电话：王春，0571-28932222。

44. 技术名称：环境友好型城镇绿化栽培基质研制与产业化

主要创新与贡献：①对绿化剩余物循环利用，研制出环境友好型城镇绿化栽培基质9种。②建设彩色木片生产小试生产线1条，具备年产2000吨的能力；研发出绿化废弃物有机肥在城镇绿化植物生产的应用技术1套。③获得国家发明专利1项。

联系人及联系电话：宋绪忠，0571-87798205。

45. 技术名称：浙江省野生植物资源挖掘、保护与利用

主要创新与贡献：①系统摸清浙江海岛、湿地、丹霞地貌、石灰岩等生态脆弱区域的植物资源，揭示区系特征，发现植物新种39个和省级以上地理分布新记录278个，占全省新发现的53%。②全面掌握浙江省珍稀濒危植物的生存现状和资源数量，揭示细果秤锤树、玉兰叶石楠、堇叶紫金牛等致濒机理，研发解濒技术。③构建不同功能型野生植物资源的评价指标体系，筛选出具有浙江特色的野菜、野花、野果、彩叶树等4大类资源植物，选育新品种2个，建立相应的快繁技术体系。

联系人及联系电话：陈征海，0571-81900388。

46. 技术名称：森林食品质量安全评价与控制技术

主要创新与贡献：①以浙江省370余批次森林食品农残、重金属、产地土壤质量的检测为依据，总结提出以油茶、香榧和板栗为代表，以复合生态系统营建、微生物菌肥精准施用和利用天敌控制虫害为主要措施的森林食品质量安全控制技术。②对油茶、香榧和板栗营建复合生态系统后，对其森林食品产量、品质、产地土壤理化性质进行测定和分析，开展油茶等加工新工艺和新产品的研究。

联系人及联系电话：宋其岩，0571-87798206。

第二节 人工林培育及经营技术

1. 技术名称：浙江省油茶林地高效复合经营技术

主要创新与贡献：筛选出油茶-草、油茶-经济作物、油茶-粮食作物3种林下复合经营模式，白茶、山稻、鼠茅草、芍药、黄花菜5种套作植物，提出油茶复合经营种植技术。通过套作经营促进油茶树体的生长14.3%～30.8%，显著改善油茶林地生态条件，林地水土流失下降30%以上，推广应用800多亩。

联系人及联系电话：姚小华，0571-63310094。

2. 技术名称：浙西南山区油茶产业化关键技术集成示范及推广

主要创新与贡献：①研究发明无纺布轻基质种子直播芽苗嫁接容器育苗技术，当年生苗高从8～15厘米提高到15～30厘米，苗木合格率提高40%，提早出圃6个月以上。②集成品种配置、树形管理、平衡施肥、复合经营等高效栽培技术，与传统栽培技术相比提前2年投产，产量提高57.9%以上。③发明高效油茶果蒲-籽分离设备，研制茶籽烘干、壳-籽分离等设备，设计果蒲分离-茶籽烘干-壳籽分离整套流水线。④通过萃取提取油茶皂苷，经水解及分子结构修饰与其他综合技术措施得到结构修饰型油茶皂苷产品，应用于混凝土引气剂及油田泡沫剂。

联系人及联系电话：何小勇，0578-2173070。

3. 技术名称：香榧幼年林高效生态栽培关键技术集成

主要创新与贡献：①集成应用香榧幼年林丰产树冠构建、营养生长与生殖生长调控、测土配方施肥、生草栽培等高效生态栽培技术，建立香榧丰产栽培示范350亩和幼年林分提早结实示范550亩，示范林分比对照林分年均亩产分别提高94.5%和92.0%，实现新增产值490万元。②编制完成《香榧幼年高效生态化栽培技术规程》。

联系人及联系电话：胡渊渊，0571-63748615。

4. 技术名称：毛竹林克隆生长机制与高效定向培育关键技术创新

主要创新与贡献：①突破基于毛竹构件分工特化的养分高效利用施肥法，形成精准施肥技术体系。提出最佳施肥期为幼叶期，发明毛竹林深穴状养分高效利用施肥法，形成"幼叶期、深穴状、分区测土推荐"的减量增效施肥技术体系。②揭示毛竹构件表型可塑性调节机制，突破环境制约下的立竹结构控制关键技术。③揭示毛竹林克隆构型和鞭芽萌发特征，突破以有效鞭段管理为核心的地下鞭优化管理技术。

联系人及联系电话：金爱武，0571-63748615。

5. 技术名称：马蹄笋产业提升关键技术研究与示范

主要创新与贡献：①'花绿竹'为省级审定笋用良种，"一种绿竹专用肥"获国家发明专利授权。②明确马蹄笋立竹度、年龄结构等低产林改造集成优化方案，提出在生产经营中控制竹丛小型化、散生化，每丛保留8~10株。③发现通过在不同方位施肥、合理采笋、选择低位芽留养新竹、适时伐蔸等栽培技术措施均可使丛生状的马蹄笋为散生化分布,提出马蹄笋散生化覆土栽培"一亩山万元钱"模式。④研究提出在出笋季节的干旱期对其林分进行喷滴灌处理,可有效提高产量。⑤采后切顶处理和低温贮藏保鲜,可有效延长鲜笋保鲜期3~7天。

联系人及联系电话:金川,0571-88524697。

6. 技术名称:竹林可持续覆盖栽培关键技术集成与示范推广

主要创新与贡献:针对覆盖栽培竹林易退化的现状,集成竹林可持续经营技术体系,主要以测土推荐施肥技术、覆盖技术、水分定量管理技术和竹林结构管理技术等为主要内容的竹林覆盖栽培关键技术体系,以及土壤质量控制、林分结构调整、覆盖管理技术和病虫害生态化防控技术等为主要内容的竹林退化防控与改造技术体系。

联系人及联系电话:桂仁意,0571-63748615。

7. 技术名称:竹笋综合利用关键技术的研究与产业化

主要创新与贡献:①率先发现竹笋木质化现象,首次提出竹笋木质化生物学机理,首创基于木质化限速酶靶点调控的系列精准保鲜技术。②首次揭示竹笋冷害木质化分子机制,创建基于PCD靶点调控的系列绿色精准调控技术。③首创杀菌锅温度场冷点控制理论,突破竹笋罐头高温杀菌温差极限,开发高品质竹笋罐头,实现传统腌制竹笋产品的转型升级。④集成食品加工新技术,开发竹笋加工新产品。首次评价竹笋中氨基酸肽和三萜类的健康作用，发现竹笋活性成分新功能。

联系人及联系电话：罗自生，0571-63748615。

8. 技术名称：丛生竹资源开发及笋用林高效经营技术示范

主要创新与贡献：①从研究笋芽发笋规律和调控的角度，提出以留养二水笋和秆基头目笋为主的丛生竹散生状培育技术。②从增加单位面积有效笋芽的角度，提出以适时采伐母竹为主要内容的短周期更新结构调控技术。③通过适时留养母竹，采用抹芽等措施调控母竹后期笋芽分化，促进笋用林早期发笋技术。④通过设施栽培可以提早出笋40天，延长出笋期半个月，实现亩产量752千克。

联系人及联系电话：顾小平，0571-63310009。

9. 技术名称：浙江特色经济林土壤精准管理关键技术及应用

主要创新与贡献：①构建经济林土壤质量评估技术体系，实现山核桃、雷竹等特色经济林主产区土壤质量等级划分。②研发出特色经济林酸化土壤改良技术、污染土壤螯合剂-生物调节剂-生物质炭联合修复技术、土壤生物功能退化的改良剂应用技术，提出土壤肥力恢复和功能提升的综合技术体系。③构建特色经济林施肥专家系统，研发推广专用有机无机复混肥料，制定2项浙江省地方标准，集成特色经济林土壤配方施肥和微量营养元素精准调控技术。推广面积220万亩以上。

联系人及联系电话：柳丹，0571-63748615。

10. 技术名称：杨梅绿色高效栽培技术集成研究与示范推广

主要创新与贡献：①杨梅商品率提高20%以上，平均单果重增大10%，糖度提高1度，经济效益增加20%以上。制定《杨梅老树复壮技术规程》，推广示范7970亩。②首创研究地温、光照，揭示大棚杨梅提产增效的关键成因。通过大棚促成栽培，使采摘期提前16天，商品率达90%。③近3年培育"二都杨梅"（水晶杨梅、深红种杨梅）、荸荠种杨梅、东魁杨梅等良种苗木181.5万株，推广至江苏、江西等地累计6.1万亩。④开发富硒杨梅，研制"杨梅茶"，开展喷灌、罗帐栽培、无公害叶面肥应用、酸化杨梅园土壤改良等4项新技术应用。

联系人及联系电话：宋文君，0575-82538872。

11. 技术名称：浙江省乡土彩叶树种开发、彩叶林营建技术研究及示范

主要创新与贡献：①总结浙江省乡土彩叶树种30科95种，进行多目标加权决策。②揭示枫香秋色叶和香樟春色叶成色机理，研究种子、容器、基质、水肥、密度与光照等关键处理技术，编制16个树种苗木培育技术规程。③研究荒山荒地、火烧迹地和针叶林林相改造区彩叶林的营建、改造技术，集成4套山地风景林林相改造（抚育）技术模式，制定温州市地方标准DB3303/T 007—2018《山地生态风景林营建技术规程》。

联系人及联系电话：陈秋夏，0577-88524697。

12. 技术名称：森林资源一体化监测关键技术研究与应用

主要创新与贡献：①在国内首创以年度化、联动化、协同化和信息化监测为特征，以一个平台、一张图、

一套数为方向的森林资源一体化监测理论与技术体系。②研制解决基础年与监测年循环监测技术、无干扰林分年生长模型、蓄积生长率月际分布规律及调查时间误差校正、上个层级对下个层级的监测数据控制、一类调查与二类调查数据融合等难题。③研发PAD端野外数据采集系统、PC端数据处理系统等信息化监测技术,实现监测数据采集无纸化和处理智能化。

联系人及联系电话:陶吉兴,0571-81900388。

第三节 生态修复与病虫害防治技术

1. 技术名称：我国亚热带重要经济林重大病虫害绿色防控技术及其应用

主要创新与贡献：①明确我国亚热带区域山核桃、油茶和竹林重大病虫种类及其基础生物学特性，构建害虫网络诊断与监测预警技术体系。②揭示我国亚热带区域山核桃、油茶和竹林2种重大病害和5种重大虫害产生与暴发的生态机制及其传播扩散途径。③研发我国亚热带区域山核桃、油茶和竹林6种害虫诱杀剂，以及2种病害和1种虫害的绿色生物药剂，建立绿色防控技术体系，减少约80%的化学农药使用量。

联系人及联系电话：王义平，0571-63748615。

2. 技术名称：浙江沿海防护林天牛类害虫综合治理研究与示范推广

主要创新与贡献：①研发出首个星天牛引诱剂产品——星天牛引诱剂A1和一种光肩星天牛引诱剂及其配套诱捕装置。②提出综合防治沿海防护林天牛类蛀干害虫的关键技术并推广应用。在林缘种植苦楝作为引诱树，每百株诱虫率为79.25%，防治效果达到89.4%。联合应用天牛天敌花绒寄甲卵、成虫以及管式肿腿蜂，其校正虫口减退率平均值达74.43%，显著优于单独释放花绒寄甲卵、成虫以及管式肿腿蜂。

联系人及联系电话：徐华潮，0571-63748615。

3. 技术名称：松墨天牛新型诱捕技术研发与推广

主要创新与贡献：①阐明松墨天牛定位寄主、两性交配识别等一系列的化学通讯诱导机制，明确松墨天牛行为诱导的关键物质及其作用机理。②研制出松墨天牛引诱剂新型缓释技术和诱捕器涂层技术，开发出绿色环保的松墨天牛新型诱捕技术。③自主研发松墨天牛引诱剂三代产品，开发松墨天牛新型诱捕器产品2种，累计生产松墨天牛引诱剂50余万瓶，诱捕器10余万套，推广面积100余万亩。④评价松墨天牛诱捕器的防控效果，形成松墨天牛诱捕器防治林间操作规程。

联系人及联系电话：樊建庭，0571-63748615。

4. 技术名称：油茶主要病虫害生态调控关键技术集成

主要创新与贡献：①构建浙江省油茶有害生物本底数据库，利用网络技术和信息传输技术，建立主要病虫害形态特征识别的网络信息化平台，为灾害预警和应急处理提供技术支撑。②综合行为调控、生物防治，辅助化学防治等技术手段，开展油茶织蛾及桃蛀螟等隐蔽性害虫的无公害防治技术研究，为油茶暴发性病虫害控制提供技术支撑。

联系人及联系电话：王浩杰，0571-63310009。

5. 技术名称：杨梅凋萎病发生规律及综合防控技术

主要创新与贡献：①首次明确杨梅凋萎病的病原菌与发病规律，探明这两种病原菌的生物学特性和致病规律。②探明发病植株营养利用及根围菌群结构变化。③开发出病原菌实时荧光定量PCR快速灵敏检测技术和杨梅凋萎病抗性评价技术，对主要杨梅品种及种质材料进行抗性鉴定，筛选出12个高抗种质材料。④集成一套凋萎病综合防控技术。研发出涂抹膏剂保护修剪伤口技术、冬季有效清园技术、生物有机肥等强壮树势技术、硫酸亚铁补肥防病技术等。

联系人及联系电话：戚行江，0571-86404011。

6. 技术名称：美丽乡村建设的湖州模式

主要创新与贡献：①丰富"绿水青山就是金山银山"发展理念的理论内涵，提供实践示范。②率先开展制度研究，制定国家标准GB/T 32000—2015《美丽乡村建设指南》，编制全国第一张自然资源资产负债表。③创新美丽乡村"经济生态化、生态经济化"的"绿水青山就是金山银山"转化模式，实现产业兴旺、强村富民、绿色发展。

联系人及联系电话：张立钦，0572-2321598。

7. 技术名称：亚热带泥质海岸防护林体系构建与功能提升技术

主要创新与贡献：①综合致灾因子和孕灾因子评价东南沿海地区台风风险等级，创制基于防护林面积、组分及其防护功能的空间格局优化技术。②揭示亚热带泥质海涂植被群落演替规律和驱动机制，构建滩涂消浪林、淤泥重盐风口区防护林、农田林网、城乡景观防护林等亚热带泥质海岸防护林营建技术体系。

联系人及联系电话：虞木奎，0571-63310009。

8. 技术名称：浙东南湾区沿海滩涂困难地造林新技术集成研究与示范

主要创新与贡献：①发明和构建乔木、灌木和乔灌结合的沿海淤泥质潮间带消浪林带营建技术。②成功引进秋茄、苦槛蓝等树种的耐寒种源，实现红树林在乐清湾东部玉环市规模化种植，并构建6种苦槛蓝配置模式。③发明黄泥或水稻土和"建筑渣土"或"青丝泥"搭配抬高造林地面方法，在含盐量高达10‰的新围垦滩涂成功种植优良景观树种，加快新围垦滩涂防护林建设和景观美化进程。

联系人及联系电话：张云生，0576-88224312。

9. 技术名称：钱塘江流域重要森林群落生物多样性维持和水土保持功能提升关键技术研究

主要创新与贡献：①揭示钱塘江流域重要森林群落生物多样性的维持机制及其对干扰的响应。②系统剖析重要森林群落水土保持功能及其影响因子。枯落物层和土壤层是森林生态系统净化水质的关键。③构建以水土保持为主导功能的多功能森林经营技术模式。确定15个目标群落，构建提升重要森林群落主导功能的9个技术模式。

联系人及联系电话：吴初平，0571-87798205。

10. 技术名称：河流湿地堤岸生态防护技术研究与应用

主要创新与贡献：①系统开展河流湿地堤岸生态防护植物种类选择和群落模式构建试验，筛选出适用于不同类型、不同功能和不同坡位的优良植物种类和植物群落模式。②研制出满足堤岸稳定和植物生长要求、经济实用的多孔混凝土材料及生态防护构型。③筛选出适宜在多孔混凝土特殊生境条件下生长的优良灌木和草本植物，构建具有灌草结构的植物群落。④研发直立式、斜坡式等多种堤岸类型的生态铺装技术和植生技术，建立堤岸效益综合评价体系。

联系人及联系电话：岳春雷，0571-87798205。

11. 技术名称：覆盖雷竹林劣变土壤生态恢复技术研究与示范

主要创新与贡献：①摸清覆盖雷竹林土壤物理、化学和生物性状的变化规律，建立覆盖雷竹林退化程度评价体系。②筛选分离出有机覆盖物高效分解菌株，研制出有机覆盖物促腐制剂及雷竹林中应用技术。③集成创新简便实用、见效快、技术效果显著的雷竹林劣变土壤生态恢复技术。技术实施3年后，退化雷竹林得到有效恢复，土壤性状明显改善，竹笋产量提高20%以上，技术增效13%以上。

联系人及联系电话：郭子武，0571-63310009。

12. 技术名称：富营养化水体植物生态系统高效持久净化技术与工程植物资源化利用

主要创新与贡献：①突破主要修复工程植物批量繁种与规模化水上栽培技术；首次利用离子通量微电极技术，探明水生植物对NH_4^+和NO_3^-的跨膜吸收过程及调控因子。②首次突破多级营养膜、有毒物质脱除及立体生态浮岛系统构建关键技术，创立夏冬季特异植物轮套作新方法。③突破水生植物资源化为商品饲料的关键技术，提出水体植物修复与生物质能源产品开发相结合的技术模式。

联系人及联系电话：杨肖娥，0571-87951111。

13. 技术名称：水源区面源污染林业生态控制技术

主要创新与贡献：①揭示水库集水区面源污染发生机制，集成创制水源区面源污染控制技术，有效改善水质。②首次采用同位素示踪定量分析法，分析柳树对氮的吸收、分配情况，筛选出对水体氮磷去除能力强的柳树无性系2种。③创制养殖废弃物竹炭堆肥技术，显著降低猪粪堆肥的总氮损失达30%，抗生素去除率达98.58%。

联系人及联系电话：张建锋，0571-63310009。

14. 技术名称：森林防火预警关键技术

主要创新与贡献：从2个层面5项关键技术上突破，第1个层面是林火发生前的防火预警，重点解决区域森林火险等级精准区划和防火资源科学布局。第2个层面是林火发生后成灾前的预警，重点解决基于视频的森林烟火自动识别报警、可视域同步跟踪与火点定位以及林火蔓延预测模拟题，研发配套软件系统。成果已在浙江省多个县市应用。

联系人及联系电话：唐丽华，0571-63748615。

15. 技术名称：竹林生态系统碳过程、碳监测与增汇技术研究

主要创新与贡献：紧紧围绕竹林碳过程、碳监测、碳增汇三条主线，历时10余年长期定位试验和大样本实测调查，持续获得10项国家自然科学基金、2项省重大科技专项和4项省自然科学基金资助，综合应用碳通量塔、核磁共振、卫星遥感和模型模拟等先进技术手段，利用现代森林空间结构理论，开展原创性研究。

联系人及联系电话：周国模，13906815316。

16. 技术名称：竹林碳汇遥感监测关键技术及应用

主要创新与贡献：①创新构建竹林遥感信息多尺度提取决策支持系统，实现县—省—全国—全球竹林时空分布快速、准确提取。②创新构建基于粗分辨率遥感数据的竹林生物量精准估算技术，为竹林生物量大尺度高精度动态估算提供新技术。③创新建立适合我国竹林生态系统的首个碳循环模型。④整合竹林分布遥感信息，从时空尺度上创新建立竹林生产力时空评价三层指标体系，实现竹林生产力提升的时空自适应经营决策评价。

联系人及联系电话：杜华强，13175067665。

17. 技术名称：园林植物 BVOCs 有益功效筛查及景观康养模式构建与示范

主要创新与贡献：①通过对 48 种典型阔叶树种和 14 种裸子植物光合特征参数的分析，形成 62 种园林树种 BVOCs 数据库，建立评估和预测选定区域的大气 BVOCs 浓度和组分评估体系，开展园林生态养生环境评价。②多学科交叉建立园林植物有益 BVOCs 康养机理的"全景式"新认知体系。③构建植物有益 BVOCs 康养成分发展模式与应用示范。

联系人及联系电话：郭明，13634183205。

18. 技术名称：浙江典型脆弱人工林生态修复技术与应用

主要创新与贡献：①全面揭示山核桃、板栗、马尾松等人工林经营过程中土壤肥力的变化规律，确定影响山核桃林地土壤生产性能的主要因素是pH、有效钙和有效镁。②研发山核桃施肥专家系统,筛选出适于杉木连栽地的杉木无性系。③研发出林下补植套种树种的容器苗培育、人工用材林干扰树间伐等技术,技术实施3年后,杉木林单株平均胸径和平均材积生长量分别是对照林分的1.30倍和1.25倍。④首创并构建人工林生态修复综合效益评价指标体系及方法。

联系人及联系电话:吴家森,13336151715。

19. 技术名称:集约经营竹林土壤提质增汇关键技术研究与应用

主要创新与贡献:①揭示集约经营竹林土壤质量退化和固碳减排功能衰退的关键过程和作用机制。②研发酸化雷竹林土壤综合改良技术、毛竹林土壤固碳减排技术、竹林土壤功能菌群调控技术等3套竹林土壤提质增汇技术体系。③制定全国首个竹林施肥限量规范和化肥定额限量标准,集成土壤精准施肥和固碳减排调控技术于一体的施肥专家系统;研发推广改良酸性雷竹土壤的专用碱性基质有机肥;开发酸化土壤修复改良技术及装备。

联系人及联系电话:秦华,0571-63748615。

20. 技术名称:长三角主要绿化树种释放VOCs与吸附PM功能评价及应用

主要创新与贡献:①分离鉴定长三角地区23科52种主要绿化树种叶片释放VOCs的组分,测定并分析其含量和变化规律。②明确树种释放VOCs中具有促进人体健康的主要化合物,建立VOCs与人体心理和生理生化指标变化的关系。③首次提出基于开顶式温室大棚模拟方法测定树种吸附不同粒径颗粒物的新技术,结合野外采样明确长三角主要绿化树种对不同粒径颗粒物的滞留能力。④构建树种改善空气质量功能评价体系,全面评估长三角92种主要城市绿化树种康养功能。

联系人及联系电话:陈健,0571-63748615。

21. 技术名称:围垦区土壤改良技术与耐盐碱树种引选

主要创新与贡献:①针对泥质海岸盐碱地土壤开展的原土综合改良技术研究,采用局部条状改良代替全面改良,大大降低改良成本。"一种泥质海岸盐碱地土壤生态型综合改良方法"获国家发明专利授权。②筛选出红花多枝柽柳、白花柽柳和白榆等树种直接在含盐量低于8‰的盐土上种植,紫叶合欢、金叶复叶槭、无患子、厚叶石斑木等,根据植物耐盐碱能力等级编制盐碱地造林的主要植物物种名录。

联系人及联系电话:杨升,15558815157。

22. 技术名称:浙江省主要森林类型经营增汇技术研究与示范

主要创新与贡献:①提出林分结构调整增汇技术等10项森林经营增汇技术及常绿阔叶中幼龄林林分结构调整等13种经营增汇模式,编制《浙江省森林经营增汇技术指南》。②探明常绿阔叶林林分结构调整和毛竹林地表覆盖对人工林土壤活性有机碳组分的影响机理。③采用模型法首次以温州市为例对森林生态系统各组分的碳储量和碳密度进行计量评价,对森林经营增汇措施对碳储量的影响进行预估。

联系人及联系电话:雷海清,13587665909。

第四节 林下复合经营技术

1. 技术名称：4 种重要林源药材优质高效栽培

主要创新与贡献：①收集 4 种林源药材全分布区种质资源，并进行保存与评价。②建立 4 种林源药材标志性成分定性与定量评价方法。③揭示 4 种林源药材质量时空变异规律，选育出 5 个优良品种。④攻克厚朴、雷公藤、草珊瑚家化种植与灵芝孢子粉高效收集关键技术。

联系人及联系电话：斯金平，0571-63748615。

2. 技术名称：铁皮石斛品种选育与高效栽培

主要创新与贡献：①攻克结实难、发芽难等繁育难题，建立组培快繁体系，实现种苗工厂化生产，奠定铁皮石斛人工种植基础。②揭示重要经济性状的遗传变异规律，育成 5 个专用品种（品系），解决实生后代分离严重问题，支撑铁皮石斛产业升级。③揭示目标化合物动态变化规律和养分吸收机理，突破栽培基质、光调控、精准采收等关键技术，建立系列栽培模式，实现种出铁皮石斛，种出好的铁皮石斛。

联系人及联系电话：斯金平，0571-63748615。

3. 技术名称：多花黄精种质资源评价与资源综合利用

主要创新与贡献：①通过本草考证确认"黄精"始载于《神农本草经》，收集6省20个种源的多花黄精种质资源，开发出多花黄精分子鉴别技术。②建立以叶基为外植体的成熟组培体系，集成黄精优质高效栽培技术体系。③明确多花黄精多糖和醇溶性浸出物含量随产地、生长年限、采收季节的变化规律，揭示"九蒸九制"主要功效成分的代谢规律，以及嫩芽和花的主要营养与开发价值。

联系人及联系电话：刘京晶，0571-63748615。

4. 技术名称：多花黄精产业化关键技术研究与推广

主要创新与贡献：①选育出省级审定品种'丽精1号'，以及浙江景宁、浙江庆元、浙江磐安等5个优良种源，浙江市场占有率达50%以上。②建立林下多花黄精复合经营技术体系。构建多花黄精工厂化繁育技术体系和9种林分复合经营模式；研建多花黄精精准去顶摘蕾、根茎平摆倒种方法和最佳采收时间；优选出"整地强度40%～60%＋覆盖物"套种模式。③研制多花黄精系列加工产品。分析评价根茎、花、嫩芽共27种营养成分，研发黄精精酿酒等7个加工产品。

联系人及联系电话：刘跃钧，0578-2264303。

5. 技术名称：三叶青种质和生态种植模式及产品研发全产业链技术创新与产业化

主要创新与贡献：①收集不同种源三叶青，建立种质资源库，选育出优良种源。②研发准确、便捷的三叶青真伪检测和产地鉴别方法，开发1套快检试剂盒。建立"谱-效"关联的质量评价方法，形成药材质量标准。③建立稳定高效的组培快繁、种苗工厂化生产、仿野生、林下套种、设施栽培及田间管理技术。④研究三叶青解热抗炎、抗肿瘤、护肝活性成分及其作用机理，开发多款深加工产品和设备。⑤建设种质资源圃、种苗繁育及栽培基地11560亩，新增产值1.3亿元。

联系人及联系电话：彭昕，0574-88839042。

6. 技术名称：金线莲种质创新和林下仿野生栽培关键技术研究与应用

主要创新与贡献：①构建金线莲种质资源评价技术体系，筛选出3个优良品系。②建立"球形胚剥取—启动培养基—壮苗培养基—新植株"的幼胚拯救体系，优化金线莲组织技术方案，种苗培育期缩短30~40天，组培污染率降至5%以下，实现种苗工厂化生产。③优化栽培基质，从种植难成活优化至90.2%成活率，创建系列林下栽培模式。

联系人及联系电话：邵清松，0571-63748615。

7. 技术名称：浙西南中药材资源收集评价与高效栽培利用

主要创新与贡献：①调查摸清丽水市林源药用资源2478种，增补《浙江药物志》未收载药材短梗大参、箭叶秋葵、蔓性千斤拔、广东紫珠等6种；收集保存浙西南林源特色药材种质资源37种147个种源680余份。②研究掌握多花黄精、三叶青、毛花猕猴桃3种野生药材生物学特性及人工驯化栽培技术，集成创新林下-多花黄精等8种生态高效栽培模式与技术，制定明确厚朴等5种地产药材质量控制目标和控制措施。③研究建立用于药材质量控制的畲药地稔指标性成分鉴别方法，研发鉴定黄精精酿酒、食凉茶和三叶青茶3款新产品。

联系人及联系电话：刘跃钧，0578-2264303。

8. 技术名称：浙南道地药材温郁金、温山药品种选育及标准化生产技术研究与应用

主要创新与贡献：①建立成熟的道地种质分子标记检测体系，率先建立精准的山药种质分子鉴定技术体系。②成功构建温郁金新品种选育和繁育技术体系，国内首次选育出'温郁金1号'；构建温山药优良品种选育技术体系，选育出'温山药1号'。③制定浙江省地方标准DB33/T 654—2016《温郁金生产技术规程》及操作模式图，温州市地方标准DB3303/T 40—2011《药用温山药种植技术规程》及操作模式图，近5年累计推广应用面积13.8万亩。

联系人及联系电话：陶正明，0577-88524697。

9. 技术名称：道地畲药资源保护和药用价值综合利用的研究

主要创新与贡献：①完成特色畲药资源调研和多区域种质的收集与保存，首次建立畲药种质资源圃及数据库。②发明三叶青块茎繁殖和立面孔式种植技术，制定食凉茶和三叶青野生药材家化栽培和标准化生产技术，采用扦插、组培等无性繁殖方式进行柳叶蜡梅、三叶青、小香勾的快速繁殖。③探明柳叶蜡梅、毛花猕猴桃等多种药材的有效成分。

联系人及联系电话：程文亮，0578-2173070。

10. 技术名称：浙南山区大型真菌资源调查与开发利用

主要创新与贡献：①查明浙南山区大型真菌1014种，分属担子菌亚门、子囊菌亚门2个亚门的5纲17目60科229属。②撰写反映大型真菌资源状况的图鉴类专著《浙南山区大型真菌》。③对密环纹灵芝、褐环粘盖牛肝菌、假根蘑菇、花脸香蘑、云芝、蝉花等10多个种进行分离、驯化。④重点开展11种野生灵芝菌株的多糖和三萜类主要功能活性成分评价研究。

联系人及联系电话：顾新伟，0578-2026790。

11. 技术名称：优质厚实香菇新品种'L808'选育及推广应用

主要创新与贡献：①育成优质厚实型香菇新品种'L808'，该品种鲜菇价较其他品种高1~2元/千克，应用量占浙江省栽培面积的60%以上，占全国的40%以上，是目前国内应用规模最大的品种。②创新研发集成与'L808'品种配套的稳产高效栽培技术，实现良法与良种的配套。③创新研发提出以高温胁迫延迟时间、胁迫后生长速度和再生指数为重要指标的香菇菌株抗高温能力评价预测技术。

联系人及联系电话：应国华，0578-2173070。

12. 技术名称：香榧林下经济关键技术推广与示范

主要创新与贡献：在桐庐县和东阳市推广香榧林苗、林药、林粮和林草4种林下经济模式，建立2个香榧林下经济示范基地，面积为330亩，辐射面积达1000亩。香榧示范林可提早3年进入丰产期，香榧林套种期间基地每亩平均增加产值1100元，增效37%，较单一种植香榧增效50%。

联系人及联系电话：宋其岩，0571-87798205。

13. 技术名称：竹荪仿野生栽培技术

主要创新与贡献：在集成竹荪大田培育技术的基础上，优化栽培料发酵、种植模式、林下栽培管理等竹荪仿野生栽培关键技术，促进竹林下经济发展和高品质竹荪的生产。该技术不仅在原料上充分利用竹林废弃物，与大田模式相比，还可减少土地使用，并且具有循环经济的特点。

联系人及联系电话：谢锦忠，13868141030。

14. 技术名称：林下仿生栽培名贵药材技术研究与示范

主要创新与贡献：①收集白及和华重楼种质资源60多份，建立种质资源库，选育出白及优良种源2个和华重楼优良种源2个。②总结形成不同林分下白及和华重楼的高效栽培管理技术体系。

联系人及联系电话：徐梁，0571-87798196。

15. 技术名称：油茶林下仿野生栽培三叶青技术研究与示范

主要创新与贡献：①结合产量和内含物黄酮含量测定，筛选出温州和金华2个三叶青优良种源，亩产量分别可达138.3千克和102.0千克。②研究出三叶青最佳组织培养技术方法，拥有年产三叶青种苗30万株的能力。③通过永康、云和及遂昌建立多点多年试验，研究种源、基质及栽培模式对产量及块根黄酮含量的综合影响，总结形成油茶林下三叶青仿野生栽培技术1套，研究出最佳仿野生栽培技术模式2个。

联系人及联系电话：程诗明，0571-87798182。

16. 技术名称：经济林下鼠茅草覆植技术研究与示范

主要创新与贡献：①将经济林传统"清耕法"管理模式改变为人工植草的管理模式。播草抑草，自然更新，不需进行刈割和覆盖，降低除草成本和化学污染的风险，技术更简单、实用、易行，更省工省力。②充分利用鼠茅草的生物学特性，保土固墒，改良土壤结构，增加土壤肥力，提高产量，改善品质。③较好地维系经济林分冬季落叶后的绿色景观，并在经济林下作业时，达到鞋不沾泥的效果。

联系人及联系电话：刘本同，13306500998。

第五节 林产化学与加工技术

1. 技术名称：茶油生产过程中质量安全控制

主要创新与贡献：①研究确定油茶果适宜的采收时间和采后处理方式，评价不同加工方式、不同精炼程度对茶油质量安全风险的影响。②评估茶油加工过程中苯并芘、黄曲霉毒素和重金属等有害物的风险，并提出控制措施。③确定茶油加工过程中的关键危害点和控制措施，建立规范的有机茶油质量管理体系和示范生产线。

联系人及联系电话：王亚萍，0571-63310009。

2. 技术名称：油茶籽品质变化规律和特色制油关键技术研究及产业化

主要创新与贡献：①阐明油茶籽成熟过程中油脂、蛋白、淀粉的转化和微量营养物质的变化规律，系统澄清油茶籽后熟处理的争议；研究不同采后处理对油茶籽油质量的影响，建立油茶籽规模化快速烘干工艺；建立基于含油率、脂肪酸和微量营养物质的油茶籽品质综合评价技术。②创新油茶籽油制取工艺，发明油茶籽水酶法提取工艺和外源乙醇破乳工艺。③研制清香型、浓香型等营养强化和具有降血压、降血脂等功效的多种特色油茶籽油产品。

联系人及联系电话：方学智，0571-63310009。

3. 技术名称：油茶籽油营养品质提升加工关键技术创新与应用

主要创新与贡献：①探明油茶籽油天然活性及有害成分，揭示加工工艺参数临界点对产品品质提升的关键作用。②提出油茶籽油有益和有害成分临界点双向精准调控加工理论，创建油茶籽油品质提升加工新工艺。③研发专门用于油茶籽仁壳分离的新型设备，杜绝产品中黄曲霉毒素的产生。

联系人及联系电话：孙华，0571-86404011。

4. 技术名称：香榧传统加工品质提升关键技术

主要创新与贡献：①开展香榧种子堆沤脱涩、标准化炒制加工工艺技术和脱蒲机械试制的研究，提出基于完熟采收的一次堆沤技术，堆沤时间缩短7天，明确堆沤过程中种实主要营养变化规律。②研制香榧去皮机1台，假种皮去除率达98.5%，果壳破损率小于1.5%；在绍兴、杭州等地进行中试应用，效果良好。

联系人及联系电话：宋丽丽，0571-63748615。

5. 技术名称：竹笋食味和安全品质提升关键技术及应用

主要创新与贡献：①阐明竹笋主要呈味物质，揭示呈味形成机理。②摸清竹林土壤、竹笋有机农药和重金属污染特征，为竹笋安全生产提供基础保障。③探明竹笋辛辣苦涩味强度的空间分布特征以及与光照、土壤营养影响规律，研发竹笋套袋、覆土控鞭、减量精准施肥等技术，提出竹笋采收与鲜笋处理技术；筛选出有机农药高效降解菌2株，创新集成笋用林有机农药污染土壤生态修复技术。

联系人及联系电话：丁兴萃，0571-88860944。

6. 技术名称：竹笋贮藏与加工关键技术研究及应用

主要创新与贡献：①首创基于限速靶点调控的精准保鲜理论，针对性开发热激、臭氧及UV-C光处理等绿色精准保鲜技术，提高竹笋的可食利用率。②系统研究竹笋中三萜、氨基酸肽等功能性成分。③发现以木栓酮、羽扇豆烯酮及其同系物为主的五环三萜类化合物混合物具有抗自由基、抗氧化、抗肿瘤、降血压等功效。④发现竹笋氨基酸肽类提取物对动物毛发的促生长作用。⑤改进传统竹笋加工产品在腌制、发酵和煮制等生产环节的关键工艺，开发高品质竹笋罐头。

联系人及联系电话：罗自生，0571-63748615。

7. 技术名称：特色森林果蔬精准保鲜关键技术和装备的开发与应用

主要创新与贡献：①率先发现采后果蔬衰老过程中的细胞程序性死亡现象，提出基于细胞程序性死亡的果蔬衰老靶点调控机制。②研创界面自组装、节能蓄冷、纳米改性、降压贮藏和三相臭氧等精准物流保鲜技术，实现对特色果蔬品质维持关键靶标蛋白的级联耦合调控。③研创果蔬脉冲式防腐装置、流相防腐装备和车载式臭氧保鲜装置，首创充气式墙体材料和充气式微型冷库，集成控温、控压、纳米雾化和臭氧等安全保鲜一体化技术，提升我国果蔬物流保鲜行业装备水平。

联系人及联系电话：罗自生，0571-63748615。

8. 技术名称：毛竹笋干高效加工技术及关键设备

主要创新与贡献：①开展毛竹笋干蒸煮和烘干关键设备研制、竹笋无水蒸煮和笋干干燥工艺研究，确定笋干整套加工工艺。②结合现代装运设备，实现无污水排放，缩短生产周期，降低生产成本，实现笋干清洁化、机械化、标准化、高效化生产。③建立生产线1条，开发笋干、笋衣产品2个；获授权发明专利1项、实用新型专利2项。

联系人及联系电话：张建，0571-87798205。

9. 技术名称：山核桃原料采收及绿色贮藏技术的研究

主要创新与贡献：①探索出采收方式对山核桃贮藏性能影响较小，自然落果为最优采收方式，首次采用贮前水分控制，发现贮前水分值对贮藏十分关键。②揭示贮前处理可有效抑制山核桃贮藏过程中细胞呼吸强度和氧化劣变速度，降低养分消耗，提高其耐贮性能。③运用栅栏技术，对山核桃原料从采收到贮藏整个过程的各影响因素进行贯穿管控，建立一套最优采收、贮藏流程，可延长原料贮藏3～5个月。

联系人及联系电话：赵文革，0571-56072345。

10. 技术名称：人工林杉木增值加工关键技术研究与产业化应用

主要创新与贡献：①研制人工林杉木边皮材去皮装置、边皮材纵向高效切丝机等增值加工关键设备。②开发木丝条制备与定向铺装技术及平压式空心刨花板成型技术。③采用单元几何尺寸控制等技术，实现人工林杉木薄型集成材节材、高效、稳定生产；通过研究非对称结构层状材料的变异特性，开发非对称结构层状复合材料稳定性的复合技术，优化木质复合门生产工艺。

联系人及联系电话：钱俊，0571-63748615。

11. 技术名称：多元共聚树脂浸渍胶制备关键技术及应用

主要创新与贡献：①以三聚氰胺、甲醛、苯代三聚氰胺、尿素等为原料，采用多元共缩聚技术制备系列多元共聚树脂浸渍胶，并将其应用于浸渍纸的开发，产品具有耐磨性好、亮度高和韧性强等特点。②核心技术获得3项授权发明专利：一种低温固化三聚氰胺甲醛树脂胶及其制备方法、一种四元共聚三聚氰胺浸渍树脂胶及其制备方法、一种三聚氰胺甲醛树脂胶及其内塑法制备工艺。

联系人及联系电话：傅深渊，0571-63748615。

12. 技术名称：木制玩具国产材高效利用技术研究

主要创新与贡献：①研发过热蒸汽预处理-常规蒸汽联合干燥技术。针对枫香、松木等国产速生木材易变色、易腐朽、易开裂等缺陷，创新性地应用过热蒸汽预处理-常规蒸汽联合干燥技术。②研发银杏外种皮提取物和壳聚糖复合型防霉防腐剂，相关指标符合欧美国家对木制玩具产品的安全性要求。③构建木制玩具加工剩余物分类体系。设计和制作用于木条和木片类加工剩余物快速厚度检验的"U"形宽边10毫米、14毫米、20毫米和24毫米4种规格厚度，构建快速分类体系。④集成自动化和一体化设备在传统木制玩具行业的应用技术，突出木制玩具多层次性和趣玩性。

联系人及联系电话：庄晓伟，0578-5112502。

13. 技术名称：竹材高效展平及其加工剩余物利用关键技术

主要创新与贡献：①确定通过竹材玻璃化转变温度的研究，研发竹材软化无应力展平工艺，攻克等厚去青定量去黄联合技术、竹展平板干燥技术和热能循环利用等技术，研发出无应力原竹展平生产技术和设备。②研发用于竹材及加工剩余物的连续化干燥和炭化生产设备，炭化转炉热解产生的高温可燃气引入燃烧室燃烧再循环利用，收集竹提取液和竹炭，全过程自动控制。③创新研发出竹展平板接长及其层压板的生产技术，饮用水用专用竹片炭生产工艺研究。

联系人及联系电话：张文标，0571-63748615。

14. 技术名称：基于 PHBV/PLA 的可降解竹基复合材料关键技术与应用

主要创新与贡献：①构建基于竹粉氢氧化钠改性和马来酸酐接枝改性技术的竹粉-PHBV/PLA 界面调控体系，确立竹粉在复合材料中的"成核剂"作用，阐明竹粉作为成核剂与 PHBV/PLA 间的物化作用及对复合材料的增强机理。②发明基于可降解竹基复合材料及其制备方法，建立高性能竹粉、PHBV/PLA 及添加剂多元共混体系，形成竹基复合材料反应性挤出工艺技术。③创制出基于PHBV/PLA的可降解竹基复合材料挤出型材与注塑制品，实现在高竹粉含量下直接注塑成型。

联系人及联系电话：李琴，0571-87798205。

15. 技术名称：降甲醛纳米复合竹装饰板关键技术研究

主要创新与贡献：①构建基于DBD冷等离子体处理技术对竹装饰板的表面改性体系，确立空气DBD冷等离子体处理竹装饰板的最优工艺参数。②发明DBD冷等离子体结合层层自组装法制备降甲醛纳米复合竹装饰板的技术方法，处理时间短、能耗低、绿色环保无污染，TiO_2纳米材料组装量可达3.77克/平方米；获得可室内自然光下光催化降解甲醛气体的工艺方法，降甲醛效率可达6.4毫克/100克。

联系人及联系电话：王洪艳，0571-87798205。

16. 技术名称：生物基净水关键技术

主要创新与贡献：①优化并确定木质素系及膨润土改性净水剂制备的最佳工艺条件，对净水剂吸附性能进行测定与优化，开发出净水剂产品5个。②印染污水处理用复合有机膨润土被确认为省级新产品；两性木质素磺酸盐多齿螯合树脂等2项专利已获授权；在安吉建立新厂区，建成1条年产1.5万吨的新生产线。

联系人及联系电话：刘力，0571-63748615。

17. 技术名称：整竹快速软化炭化和等量去青定厚去黄关键技术

主要创新与贡献：①研发整竹（筒）高温软化炭化联合技术，软化炭化温度在180～200℃，时间5～8分钟，起到软化炭化竹材双重效果；研制无应力展平设备，具有减少竹材内应力和防止内壁开裂的优点，展平成品率达95%以上。②研制等量去青定厚去黄联合一体机，以适应有弧度的展平素板均度去青定厚去黄，实现从竹筒到展平板机械连续化生产。

联系人及联系电话：沈德长，0571-63748615。

18. 技术名称：竹质异色层积装饰材制造技术

主要创新与贡献：①突破柔性竹单元加工、竹束高压染色技术，使竹束均匀染色。②采用机械化连续编织方法加工成连续化竹束单板，实现竹质异色层积装饰材连续化铺装与生产。③竹质异色层积装饰材耐光色牢度达到4级，吸水厚度膨胀率较常规重组竹材料提升20%左右。④竹质异色层积装饰材静曲强度大于90兆帕，弹性模量大于8000兆帕。

联系人及联系电话：陈玉和，0571-88860687。

19. 技术名称：竹笋保鲜加工增值关键技术创新与应用

主要创新与贡献：①发明切口涂膜毛竹笋等大径竹笋保鲜处理方法，构建液氮快速钝化切口酶活性结合涂膜阻隔技术。②建立草酸处理竹笋保鲜新方法，使鲜竹笋商品性贮藏期达到25天。③研发低温无滴膜大帐"果蔬烟熏剂"竹笋保鲜技术应用于大规模贮藏方法，通过低温、防腐、保湿三项技术集成，保鲜期可达35天。④创建（10℃）过程竹笋品质劣变控制技术，有效抑制木质化和组织褐变，保持10天的流通商品性。⑤建立基于竹笋玻璃态的冻结工艺、二价离子竹笋保脆和微波解冻的笋速冻技术体系。⑥优化系列调味笋产品加工的工艺参数，制定企业标准。⑦研发自动化去笋衣机、多规格切块机和电炒锅等6种系列竹笋加工设备，实现竹笋剥壳、切块、去异物等工序"机器替人"。

联系人及联系电话：陈惠云，0574-89184041。

第四章
林业机械篇

第一节 室外设备

室外设备详见表4-1。

表 4-1 室外设备一览表

机械名称	设备参数	适用范围	特点	生产厂家及联系电话
竹林箬糠吸放机	型号：YJΦ150-35-8； 送风量：3000～3500立方米/时； 进出口风压差：60千帕； 轴功率：55千瓦； 最大吸放距离：35米； 爬坡能力：≤15°； 行走速度：10米/分	用于收集和覆盖箬糠	该机械具有箬糠吸料、输送到堆放（或覆盖）一步完成的功能，能够显著提高竹林箬糠吸放的工作效率，从而降低劳动强度，节约劳动成本	临安德发家庭农场，13806523906
锂电割灌机	额定功率：800瓦； 转速：1000～7000转/分，可调； 割灌机切割直径：260毫米； 打草机切割直径：380毫米	用于林地清理割灌	—	浙江卓远机电科技股份有限公司，15888912019

续表

机械名称	设备参数	适用范围	特点	生产厂家及联系电话
锂电高枝锯	最高额定电压：58伏； 锂电充电时间：约60分钟； 链轮速度：0～6500转/分； 链条速度：7米/秒	用于园林修剪养护	—	浙江卓远机电科技股份有限公司，15888912019
锂电绿篱机（双刃）	最高额定电压：58伏； 锂电充电时间：约60分钟； 刀片长度：610毫米； 切割直径：27毫米	适用于城市、小区绿化带园林修枝和养护	—	浙江卓远机电科技股份有限公司，15888912019
绝缘锂电高枝锯	电机类型：BLDC电机； 最大输入功率：1.3千瓦； 锯链线速度：21米/秒； 最大切割高度：4.0米； 最大切割直径：250毫米	适用于与电线交织的清障作业，可以在不断电的情况下清理枝叶。传动及操作杆部分采用绝缘材质，操作安全可靠	—	浙江中马园林机器股份有限公司，15888612618
割灌机	型号：SF530BF； 二冲程排量：43毫升； 功率：1.2千瓦； 最大转数：9500±500转/分； 刀片切割范围：305毫米； 打草头切割范围：405毫米	主要用于林间或果园草地除草，割除灌木，以及收割水稻、麦子、豆类、油菜、青稞、芦苇、牧草等	—	浙江三锋实业股份有限公司，0579-89292888

续表

机械名称	设备参数	适用范围	特点	生产厂家及联系电话
无刷链锯	型号：SF8J112； 空载转速：8000转/分； 切割速度：15米/秒； 导板链条规格：进口Oregan-12寸； 具有链条松紧快速调节功能	用于森林采伐、造材、打枝等以及贮木场造材、铁路枕木锯截等作业	48伏背包式大容量电池，工作时间久，节能环保，声音轻，共享一个电池平台；前刹车带有双刹车功能，电子刹车和机械刹车双重保护，操作更安全；手柄包胶工艺，使用者手感更舒适且避免磨伤；导板链条带旋钮调节，快速实现导板链条的松紧调节	浙江三锋实业股份有限公司，0579-89292888
无刷绿篱剪	型号：SF8A608D； 刀片规格：激光切割，单边开刃； 切割刀片长度：600毫米； 刀片开口：19毫米	用于庭院、公园、城市道路绿化篱笆墙、矮丛花木的修剪，更多用于茶园采茶和修整	工作时间久，节能环保，声音轻，共享一个电池平台；保护挡板设计，刀片端部和握手采用保护设计，有效防止切割产生的修枝碎渣对手的伤害	
手持式锂电多功能组合机	功率：1200瓦； 弧形绿篱剪有效切割长度：630毫米； 绿篱剪有效切割长度：455毫米； 链锯、高枝锯：8英寸导板、链条，有效切割长度185毫米； 打草机打草直径：420毫米； 高枝剪切割长度：420毫米	适用于园林、苗圃、城市绿化带绿化修剪、养护、林地割灌等	—	

续表

机械名称	设备参数	适用范围	特点	生产厂家及联系电话
无刷打草机（四合一）	型号：SF8A207； 打草割灌空载转速：7500转/分； 打草直径：300毫米； 割灌直径：255毫米； 高枝锯切割直径：20毫米	用于庭院、林间或果园草地除草、割除灌木、农作物收割，同时还可用于篱笆墙修剪、高空树枝切割	节能环保，声音轻，共享一个电池平台，即插即用，可以实现多款不同功能的锂电园林工具的使用；符合人体工程学的辅助手柄，握感舒适，可拆卸主杆，方便更换不同工作头	浙江三锋实业股份有限公司，0579-89292888
PN800M多功能园林机	发动机类型：水平对置双缸、风冷、二冲程汽油机； 发动机排量：84毫升； 功率：5.5千瓦； 转速：8500转/分； 冲击频率：1500次/分； 冲击能量：20~55焦	主要适用于复杂地形、石质山造林挖坑、林区道路修筑和苗圃移挖树等场合作业	—	浙江派尼尔科技股份有限公司，13575687588
便携式山地锄草机	发动机类型：冲程强制风冷汽油发动机； 功率：1.25千瓦； 转速：7500转/分； 燃油配比：40∶1； 耕深：20~50毫米； 铝管直径：26毫米	用于林地杂草清理	—	永康威力科技股份有限公司，15888912019

续表

机械名称	设备参数	适用范围	特点	生产厂家及联系电话
便携式清林锯	功率：1.40千瓦； 排量：30.5毫升； 切割直径：200毫米； 油壶容积：850毫升； 工作杆长度：1355毫米	用于林地清理割灌	—	永康威力科技股份有限公司，15888912019
地钻	型号：420SA； 功率：1.65千瓦； 排量：41.5毫升	用于树枝打洞、立桩挖坑工程打孔、冰钓打洞	操作简洁，使用方便，易保养；每小时可打坑100个以上，可连续性作业机器不发热；单双人操作，是一款节能型挖坑机器	永康市茂金园林机械有限公司，15257930286
便携式割灌机和割草机	型号：BG140-3	用于林业、园林绿化	—	
割灌机	型号：420S； 发动机类型：单缸、风冷、二冲程汽油机； 排量：41.5毫升； 最大功率：1.65千瓦； 转速：8500转/分	适用于平原、丘陵、梯田、三角地等大小田块及烂泥田。用于收割水稻、大小麦、玉米、豆类、苜蓿等农作物	单人操作，使用简单，维修保养方便，动力强劲，可以满足农业除草割灌作业；刀片均采用锰钢或合金制成，耐磨性强	
汽油链锯	型号：4216M； 功率：1.8千瓦； 排量：39.6毫升	主要用于伐木、造材和毛竹锯切	具有油锯功率大、剪切效率高、伐木的成本比较低等优点	

续表

机械名称	设备参数	适用范围	特点	生产厂家及联系电话
铲树皮机	电压：20伏； 电池包容量：4.0安·时； 冲击频率：0～4000转/分	用于伐木之后的树皮清理	—	永康市茂金园林机械有限公司，15257930286
多功能起树机	型号：AC-100/AC-125A； 发动机型号：44-5； 发动机类型：二冲程； 发动机排量：52毫升； 最大功率和速度：1900瓦，6500转/分； 最大扭矩和速度：3.5牛·米，5000转/分； 冲击频率：1500次/分	用于各种环境的竹林竹兜挖掘和苗木种植移栽	—	永康市奥驰动力机械工具厂，15067947281
多功能打桩机	型号：AC-680； 排量：33毫升； 最大功率和速度：25千瓦，6500转/分； 冲击频率：1500次/分	用于土层较厚的山地和田地。用于消防应急预备设施和防灾减灾	—	
挖坑机	型号：44-5/48F； 发动机类型：二冲程； 发动机排量：52毫升/63毫升； 发动机功率：1.46千瓦； 转速：6500转/分	适用于土层较厚的林下或田间	—	

续表

机械名称	设备参数	适用范围	特点	生产厂家及联系电话
树枝粉碎机	型号：AC701-三相电动机；碎枝直径：100毫米；破碎细度：颗粒状碎屑；刀盘转速：2800转/分；最大输出功率：7.5千瓦；效率：1000~5000千克/时；主轴旋转方向：逆时针方向	用于各种环境下的树枝粉碎	—	永康市奥驰动力机械工具厂，15067947281
运输单轨	型号：GLW-200-3.3；最大荷载：200千克；最大行坡度：45°	可在800毫米宽的狭窄空间穿行，用于肥料、竹笋等林产品运输	具有手动制动装置，可使运输机随时行进和停止。同时还装有一组紧急制动装置，当运输车工作异常时，紧急制动器会强制运输车停止	台州格罗威农机有限公司，0576-82363308

第二节 室内加工设备

室内加工设备详见表4-2。

表4-2 室内加工设备一览表

机械名称	设备参数	适用范围	生产厂家及联系电话
竹笋剥壳机	型号为AH25型，长1.5米，宽0.8米，高1.3米，重量100千克，功率2千瓦	用于剥雷笋、羊毛笋、罗汉笋等直径在2～5厘米的细笋	桐庐县横村镇金弟机械加工厂，15325718823
油茶鲜果脱蒲分离机	型号为Q/OQ002020，长17米，宽2.2米，高2.1米，每小时脱蒲分离鲜果2000千克	用于油茶果破壳后将壳与籽分离，性能稳定可靠，剥壳效率高	浙江瓯青机械有限公司，13606693256

第五章 科研院校和乡土专家通讯录

科研院校专家详见表5-1。

表 5-1 科研院校专家一览表

序号	专家姓名	单位	从事专业	所在团队简介	联系电话
1	宋新章	浙江农林大学	竹林培育与森林碳汇	主要从事竹林生产力提升、森林生态系统碳氮磷循环和碳中和研究工作。国家杰出青年科学基金获得者，浙江省"万人计划"科技创新领军人才，浙江省农业科技先进工作者	13116796989
2	张俊红	浙江农林大学	林木遗传育种	亚热带珍贵树种创新团队，长期从事楠木（闽楠、桢楠、浙江楠与紫楠）、光皮桦、浙江樟、樟树和杉木等重要珍贵树种与速生用材树种的种质资源调查、收集、保育及优异种质资源评价与创新利用研究	15867169046
3	林新春	浙江农林大学	竹类经营与利用	长期从事竹类经营、利用研究与技术推广工作。获授权国家发明专利9项，带领的"雷竹低产低效林改造团队"获"十一五"国家星火计划执行优秀团队奖	18958162317
4	杨虎清	浙江农林大学	食品科学与工程	团队长期致力于农产品保鲜技术研发，在竹笋、杨梅、葡萄、水蜜桃等果蔬的采后商品化处理、冷害控制、涂膜保鲜、贮藏设施、采后生理和品质控制方面形成研究方法和技术体系，研究基础和实践经验扎实	13116778629

续表

序号	专家姓名	单位	从事专业	所在团队简介	联系电话
5	彭昕	浙江大学宁波研究院	中药材	国家林业和草原局三叶青西红花工程技术中心副主任单位,浙江省重点产业技术联盟"三叶青联盟"副理事长单位,浙江省特色原料药及制剂质量提升协同创新中心-中药与天然药物方向团队	15824508807
6	张敏	浙江农林大学	果树/经济林	团队一直以省内大宗特色干水果(香榧、山核桃、柑橘等)经济树种的种质资源保存与评价、良种选育、丰产优质高效栽培、病虫害防治、经济林产品加工利用技术等为研究内容,经过近20年的努力,成为浙江省特色干水果研究单位,特色干果山核桃、香榧等综合研究水平处于国内领先	13858093379
7	李健	浙江农林大学	乡村康养与乡村运营	浙江农林大学乡村运营研究所,2015年以来在永嘉、遂昌、景宁开展森林康养与乡村旅游规划设计,落地项目大部分成为网红,被央视、浙江卫视等媒体报道,出台《村落景区临安标准》等	13567181199
8	蔡为明	浙江省农业科学院园艺研究所	食药用菌	长期从事食药用菌育种及栽培技术科研与推广工作。现为国家食用菌产业技术体系岗位专家、浙江省食用菌育种协作攻关专项牵头人,主编出版《食药用菌》。育成食用菌新品种11个,国家认定品种4个	13605808751
9	孙崇波	浙江省农业科学院园艺研究所	花卉	兰花研究团队,长期从事兰种质资源收集、保育、评价、利用、遗传育种及栽培技术研究与推广工作。浙江省草本主要盆栽花卉新品种选育课题主持单位,育成兰花新品种5个	13957163708

续表

序号	专家姓名	单位	从事专业	所在团队简介	联系电话
10	陈俊伟	浙江省农业科学院园艺研究所	果树	枇杷研究室,现有博士4人,其中正高1人,副高2人。团队负责人任浙江省农业技术创新与推广服务团队专家兼枇杷组组长。团队有枇杷科研基地60多亩,保存200余份枇杷种质资源和4000余株枇杷杂交后代群体。发明专利9项,育出白肉杂交优系28份、黄肉优系10份,育出可抗-9℃优质白肉枇杷	13858077420
11	梁森苗	浙江省农业科学院园艺研究所	果树	杨梅育种与栽培团队,长期从事新品种选育、种植技术研究及科技推广工作。获授权发明专利19项,育成杨梅品种8个,制定行业标准2项、地方标准6项	13588013830
12	郭方其	浙江省农业科学院园艺研究所	花卉	开展菊花、百合和铁皮石斛新品种选育与产业化技术的推广工作,获浙江省科技进步奖三等奖2项,浙江省"科技兴林奖"一等奖1项,获授权发明专利8项,获授权菊花新品种3个,审定通过百合品种2个	13605813298
13	吴延军	浙江省农业科学院园艺研究所	果树	长期从事樱桃的育种及栽培技术科研与推广工作。中国园艺学会樱桃分会副理事长,主持育成了我国南方首例甜樱桃品种,主持省审(认)定樱桃品种3个,樱桃栽培方式获国家发明专利4项	13186962612

续表

序号	专家姓名	单位	从事专业	所在团队简介	联系电话
14	汪阳东	中国林业科学研究院亚热带林业研究所	特色林木资源	特色林木资源育种与培育研究组，围绕服务国家生命健康、新材料需求，开展特色资源栎树、山苍子和油桐树种种质资源挖掘、特异性状形成分子调控机制、新种质创制和定向育种，以及高效培育技术研究	13706816867
15	姚小华	中国林业科学研究院亚热带林业研究所	经济林	木本油料育种与培育研究组，围绕油茶等南方重要木本油料产业增效，开展油茶、薄壳山核桃品质调控、定向育种、分子设计育种及高效节本培育研究，建立良种定向选育和分子辅助育种技术，创制营养优质及生态适应性良种，形成节省力培育技术	13606608321
16	龚榜初	中国林业科学研究院亚热带林业研究所	经济林	木本粮食育种与培育研究组，围绕柿、栗等重要木本粮食产业增效，开展良种定向选育和分子辅助育种、高效节本培育关键技术研究，明确品质调控机理，培育优质良种，形成园艺化培育技术	13868161885
17	谢锦忠	中国林业科学研究院亚热带林业研究所	竹子培育及林下经济	竹资源培育研究组，主要从事竹子栽培、竹林水文学应用基础和竹-农复合经营（林下经济、竹笋等）方面研究，被国际竹藤组织等国际组织和国家科学技术部聘为援外专家，向缅甸、越南、巴西、古巴等国提供技术服务	13868141030

续表

序号	专家姓名	单位	从事专业	所在团队简介	联系电话
18	李纪元	中国林业科学研究院亚热带林业研究所	山茶、兰花等	景观植物育种与培育研究组,开展山茶、兰花等景观植物资源优新资源挖掘、观赏功能基因解析及分子设计育种,创制优新品种,研发绿色栽培管养技术。建立国家林木种质资源库2个,保存物种200余个	13588377600
19	张建	浙江省林业科学研究院	竹木材加工及装备	竹类(智能装备)创新团队,现有13人,其中研究员2人,副研究员3人,博士9人。主要从事竹类资源开发、竹林生态高效培育、竹林复合经营、笋竹(木)精深加工和林机装备等领域的研究。研发毛竹"一竹三笋"丰产培育、雷竹林分衰败和季节出笋调控、竹笋活体绿色保鲜等新技术,创制了重组竹材胶合板、仿实木彩色竹地板、PUF新型胶粘剂等新产品以及竹林机械化经营和竹材初加工智能化连续化等新装备。获国家专利20项。拥有国内收集竹子种类和竹子标本最齐全的竹类植物园和竹子标本馆,分别被列入世界植物园和标本室名录	13486114281
20	李琴	浙江省林业科学研究院	竹类研究		13819193860
21	王波	浙江省林业科学研究院	竹林培育		13958194979

续表

序号	专家姓名	单位	从事专业	所在团队简介	联系电话
22	江波	浙江省林业科学研究院	森林生态	森林生态创新团队，围绕林业生产中的重难点问题，开展生态抗性林木新品种选育、森林碳汇、生态功能监测与评价研究，聚焦森林质量精准提升和退化生态系统快速修复技术。是浙江省森林生态系统定位监测网络的技术支撑团队，建有杭州城市森林生态系统国家定位观察研究站，是凤阳山森林生态系统国家生态定位观察研究站和13个省级森林生态系统定位观察研究站的技术依托单位，是"长三角森林生态产业化科技国家创新联盟"理事长单位，也是"浙江省林业碳汇发展基础支撑协作组"的牵头单位。共承担国家、省级等研究项目100余项，获国家科技进步二等奖1项，浙江省科学技术一等奖1项、二等奖3项，国家林业和草原局梁希林业科学技术三等奖2项，主持选育出林木良种8个，获国家发明2项，制定技术标准4项；出版专著10余部，发表论文150余篇	13606802246
23	袁位高	浙江省林业科学研究院	森林经营与生态		13819192935
24	吴初平	浙江省林业科学研究院	森林生态		18758560128
25	陈卓梅	浙江省林业科学研究院	森林生态	林木育种创新团队，主要从事紫薇、樱花、枫香、乌桕、杜鹃、楠木、银杏等珍贵彩色树种品种选育及产业化研究；深入研究浙江省主要绿化造林树种及典型植被的康养功能因子，指导开展医学实证研究验证	13185062286

续表

序号	专家姓名	单位	从事专业	所在团队简介	联系电话
26	李因刚	浙江省林业科学研究院	林木育种与培育、珍稀濒危植物保育	林木育种创新团队,主要开展楠属、樱属以及枫香、乌桕等乡土珍贵彩色树种的资源评价、品种选育及配套栽培技术的研发,对天目铁木、银缕梅等珍稀濒危野生植物进行资源保育。近5年来,承担国家自然科学基金2项、浙江省林木新品种选育重大专项2项。以第一作者或通讯作者发表SCI论文15篇;授权国家发明专利4项、实用新型专利11项;审(认)定省级林木良种2个,获国家植物新品种权18个,建立新品种培育示范基地2个,良种苗木应用于青田、建德、永康等地的森林质量精准提升省级重点项目;新建珍稀濒危植物迁地保护基地6个	13588380318
27	程诗明	浙江省林业科学研究院	经济林、林下经济	经济林团队,现有14人,其中副高以上7人。主要研究经济林和林药育种、黄精、重楼、三叶青等特色林下经济作物高效栽培与利用,林菌互作及生态化栽培,林业碳汇及应对气候变化等。近5年来,收集林下药材种质资源多份,指导建立林药示范基地30余个,辐射推广面积2万余亩。是浙江省林下经济产业协会挂靠单位	13819153582
28	陈友吾	浙江省林业科学研究院	森林保护	森林保护研究团队,由森林保护、生物技术、森林培育、生物防治等8位科研技术骨干组成,主要从事林业有害生物快速鉴定、森林重大病虫和外来入侵生物综合防控、古树名木保护及林业资源微生物开发利用等林业领域先进的推广应用	13819193865

续表

序号	专家姓名	单位	从事专业	所在团队简介	联系电话
29	魏海龙	浙江省林业科学研究院	食(药)用菌育种、栽培、加工和林菌栽培	食药用菌团队，主要从事食用菌遗传育种、栽培、精深加工和林菌栽培技术的研究与推广，承担国家基金、省重大和重点等项目30多项，发表文章100多篇，出版《香菇无公害生产技术》等食用菌专著5部，获授权国家发明专利60多项	13456940211
30	徐漫平	浙江省林业科学研究院、浙江省地板协会	竹木材加工、林产品质量安全检测	竹木材及制品检测团队，现有11人，其中正高3人，副高3人。主要从事竹木材及制品、家具、木地板、林化产品、胶粘剂等装饰装修材料产品的质量检验、安全监测、风险评估预警和仲裁鉴定；接受生产企业、消费者、销售单位的委托送检检测，提供标准制(修)订，协调消费纠纷等	13958196578
31	庄晓伟	浙江省林业科学研究院	林产化工	林产工业创新团队，主要从事竹材加工剩余物高效综合利用、竹木材功能改良、生物基胶粘剂与涂料助剂、生物基新材料和清洁生产等研究推广工作，研发的竹(木)材泡沫绿色制备技术、户外重组竹材耐候性改良技术、竹木材表面浅炭化技术等具有特色和优势。注重原创技术开发和新技术产业化推广应用，相继承担国家和省部级科研项目50余项，获浙江省科技进步奖二等奖2项、三等奖3项，授权美国专利1项、国家发明专利30余项	13575496881
32	王衍彬	浙江省林业科学研究院	木本油料加工	森林食品加工团队，主要从事林下药食用菌、木本油料等森林食品精深加工	18657128606

续表

序号	专家姓名	单位	从事专业	所在团队简介	联系电话
33	岳春雷	浙江省林业科学研究院	湿地研究	湿地研究创新团队，主要从事湿地生物多样性保护、湿地修复与重建技术、湿地监测与评价技术、沿海防护林构建技术等方面的研究。主要开展人工湿地构建、沿海防护林构建、湿地生态修复等相关研究，相继承担相关科研项目60余项。在核心期刊发表论文50余篇，出版专著3部	13588432030
34	李贺鹏	浙江省林业科学研究院	湿地研究		13575765158
35	张晓勉	浙江省林业科学研究院	林业生态		13626715737
36	梁宗锁	浙江理工大学生命科学与医药学院	林下药材生产	药用植物团队，主要从事药用植物规范化种植、中药资源评价与质量标准、中药材品种选育、中药材次生代谢调控和天然药物产品研发	15857166046
37	贾巧君	浙江理工大学生命科学与医药学院	药用植物学		15381012912
38	汪得凯	浙江理工大学生命科学与医药学院	药用植物资源	药用植物研究团队，主要从事药用植物资源发掘、规范化种植、质量标准、有效成分分析、天然药物发掘和药食同源健康产品研发等。所在团队获"浙江省最美志愿者"团队称号	13588384855

续表

序号	专家姓名	单位	从事专业	所在团队简介	联系电话
39	孙延芳	浙江理工大学生命科学与医药学院	药用植物学	自2019年起,对淳安临岐镇山茱萸、掌叶覆盆子、白花前胡、多花黄精、重楼、三叶青等中药材种植进行专业指导,形成淳安道地药材的可持续利用和大健康产品开发。出版著作《淳六味中药材实用种植技术》	15267134669
40	郭万里	浙江理工大学生命科学与医药学院	植物分子生物学与生物化学	团队主要从事植物生物工程,包括林木、花卉的工厂化繁育。获得相关专利3项。帮助企业建立植物(香花槐、樱花、杜鹃、鹅掌楸等林木类植物,大花萱草、安祖、红景天、轮叶党参等草本植物,三叶青等藤本植物)的工厂化繁育程序	13646811282
41	张晓丹	浙江理工大学生命科学与医药学院	林下药材资源开发与利用	浙江省植物次生代谢重点实验室,浙江理工大学药用植物创新团队	15658050083
42	王志安	浙江省中药研究所有限公司	中药材	国家中药材产业技术体系根与根茎岗位科学家团队,在首席专家王志安正高级工程师的带领下,围绕中药材产业多元化高质量发展开展技术引进、创新和服务,目前重点推进具有较高附加值的浙江优势药材铁皮石斛的产业发展,发展林下生态基地,推进产品开发,促进融合发展,提升产业效益,增加农民收入,助力共同富裕	13805786846
43	孙健	浙江省中药研究所有限公司	中药材		15088610691
44	徐建中	浙江省中药研究所有限公司	中药材		13867450239
45	任江剑	浙江省中药研究所有限公司	中药材		13958093343

续表

序号	专家姓名	单位	从事专业	所在团队简介	联系电话
46	陶正明	浙江省亚热带作物研究所	林下中药材	团队长期从事铁皮石斛、黄精、栀子等林源药材种质创新、品种选育、生态种植关键技术研究与示范推广。主持制定浙江省地方标准4项，获中药材省级新品种审定4个，获授权国家发明专利2项。任浙江省团队科技特派员首席专家	13857751549
47	刘冬峰	浙江省亚热带作物研究所	果树学	团队现有6人，其中高级职称3人，主要从事柚、瓯柑、杨梅等浙南特色果树种质资源收集、新品种选育以及优质高效栽培技术研究与推广工作。建成浙江省农业企业科技研发中心2家、浙江省农业科技企业2家，注册商标3个	18906678039
48	周庄	浙江省亚热带作物研究所	林下经济和园林花卉	亚热带植物资源利用团队，现有14人，其中副高2人。主要从事亚热带植物种质资源收集保存、创新利用、新品种选育、栽培技术、生物技术等研发。建有"国家花卉工程技术研究中心浙南特色兰科植物研发与推广中心"	13957726199
49	李效文	浙江省亚热带作物研究所	林业生态	团队现有13人，其中研究员3人，副研究员3人，为国家林业和草原局"盐碱地生态修复国家创新联盟""红树林保护与恢复国家创新联盟"理事成员，拥有全国林草科普教育基地、浙江省自然教育基地、国家林业调查规划设计乙级等资质	17757700721

续表

序号	专家姓名	单位	从事专业	所在团队简介	联系电话
50	张旭乐	浙江省亚热带作物研究所	观赏园艺	团队现有14人,其中博士4人,正高1人,副高2人。致力于区域特色观赏资源收集、发掘和创新利用,以及珍稀濒危植物资源保育研究。研发优新花卉品种产业化和绿色发展关键技术;开展成果转让转化、规划设计等	18857768787
51	王月英	浙江省亚热带作物研究所	竹资源培育与利用	团队现有正高2人,副高1人,长期从事浙南特色经济竹林,如绿竹(马蹄笋)、吊丝单竹等的种质创新、高效培育及产后保鲜加工等研究与示范。获省级新品种审定2个;累计推广新品种、新技术25个(项),建立核心示范基地2800亩	13858840652
52	柳新红	浙江省林业技术推广总站	樱花	团队系国家林业和草原局樱花产业国家创新联盟理事长单位,汇聚全国樱花行业几十家科研院校和企业的顶尖专家,旨在培育推广国产樱花良种,创新开发樱花景观和产品,为"美丽中国"和共同富裕示范区建设做出更大贡献,最终实现"中国樱花,享誉世界"的目标	13957132726
53	张建忠	物产中大长乐林场有限公司	樱花		13805777483
54	张骏	浙江省林业技术推广总站	林技推广和自然教育科普	团队现有11人,其中正高2人,副高4人,一直致力于林业科技成果的推广。2015年起大力推广"一亩山万元钱"林业科技富民模式,"十三五"期间累计推广374.2万亩,实现总产值306.6亿元。参与企业或合作社7900家,农户数近14万户;成立浙江省自然教育总校,出台《浙江省自然教育基地认定与管理办法》,入选全国自然教育学校22个;开展林学科普大本营11期,组织中小学生参与科普体验活动600多人次	13735827710
55	冯博杰	浙江省林业技术推广总站	林技推广		13777466486

浙江省省级乡土专家详见表5-2。

表5-2 浙江省省级乡土专家一览表

序号	姓名	从事产业	所在县区	联系电话	序号	姓名	从事产业	所在县区	联系电话
杭州					13	俞永祥	竹笋	余杭	15267119983
1	陈煜初	湿地植物	西湖	13305715681	14	黄建明	竹笋	余杭	13516855091
2	邓杨勇	山核桃	滨江	18657185633	15	吴月娟	竹笋	余杭	13750873512
3	高军龙	山核桃	滨江	18668015180	16	赵跃忠	竹笋	余杭	13588007200
4	田玮	山核桃	滨江	15157196039	17	施飞云	竹笛制作	余杭	13588893181
5	裘忠灿	林下经济	萧山	13967112283	18	沈士华	湿地生态	余杭	13386510301
6	叶爱军	竹木加工	萧山	13588260193	19	廖望仪	林下经济	余杭	13867469819
7	王立刚	竹木加工	萧山	13735577829	20	沈要刚	竹笋	余杭	13868086937
8	丁建丰	林下中药材	萧山	13868115889	21	吴兆米	竹笋	余杭	15925696428
9	蔡火勤	湿生植物	萧山	13967135750	22	潘庆山	盆景业	余杭	13905814633
10	高剑富	野生动物驯养	萧山	13867109908	23	温作荣	竹笋	余杭	13305720777
11	余有祥	北美冬青	余杭	13906536526	24	周水根	早竹笋	余杭	13805748003
12	刘彩凤	早竹	余杭	15906677332	25	屠国君	花卉苗木	余杭	13957110189

续表

序号	姓名	从事产业	所在县区	联系电话	序号	姓名	从事产业	所在县区	联系电话
26	朱广唱	花卉苗木	余杭	13064739667	39	竺国平	竹笋	临安	13486385758
27	李荣富	林业	富阳	13806515600	40	郭恒峰	竹笋	临安	13375717877
28	洪亮	林业	富阳	13868176209	41	郑小平	竹笋	临安	13868109045
29	罗荣华	林业	富阳	13588067836	42	程柏高	竹笋	临安	18858268575
30	何奉奇	山核桃	富阳	13868145578	43	杜吕准	雷竹	临安	13456883366
31	吴传忠	竹笋	富阳	15158018258	44	王丁华	花卉苗木	临安	18069881181
32	夏玉群	林业	富阳	13819138518	45	陈一锋	古树名木保护	临安	13386520838
33	孙卫东	山核桃	临安	13957198166	46	周金弟	竹笋机械	桐庐	15325718823
34	吴向阳	山核桃机械	临安	18157131333	47	周荣鑫	林下经济	桐庐	18906515688
35	邵观夫	雷竹	临安	13456797116	48	廖营忠	高节竹	桐庐	13819476917
36	罗德法	竹林	临安	13806523906	49	毛祝华	竹笋、林下经济	桐庐	15924122336
37	高关兴	香榧	临安	13706712526	50	翁立杜	山核桃	桐庐	13456705000
38	钱兴荣	香榧	临安	18968030815	51	刘建成	香榧	桐庐	13567168308

续表

序号	姓名	从事产业	所在县区	联系电话	序号	姓名	从事产业	所在县区	联系电话
52	钟钱宝	香榧	桐庐	13967117715	65	童顺江	香榧	淳安	13858069998
53	钟早荣	香榧	桐庐	13600525384	66	吴璀福	薄壳山核桃	建德	13506810819
54	吴更喜	花卉苗木	桐庐	13516721098	67	许建茹	铁皮石斛	建德	13656639100
55	徐家士	森林康养	桐庐	13372508500	68	黄华龙	中药材	建德	13255812780
56	吴约木	油茶	淳安	13819168180	69	何龙海	香榧	建德	13738087241
57	叶永林	林下中药材	淳安	13968108833	70	陈勇强	香榧	建德	13606517744
58	徐亚彪	油茶	淳安	13738020766	71	张志清	油茶	建德	13805703918
59	廖龙建	香榧	淳安	13758184512	72	方锡平	林下中药材	建德	13968124010
60	汪立功	山核桃	淳安	13456989159	宁波				
61	徐锦明	山核桃	淳安	13750850639	73	鲁根水	樱花	海曙	13616880590
62	何浙华	经济林培育	淳安	13588335608	74	杨晋良	茶业	海曙	13806678508
63	杨心辉	林下经济	淳安	15858158918	75	李忠元	园艺	海曙	13967880768
64	徐旭东	经济林	淳安	15068171789	76	陈海栋	水果	江北	13008970094

续表

序号	姓名	从事产业	所在县区	联系电话	序号	姓名	从事产业	所在县区	联系电话
77	郑国明	盆景	江北	18968299701	90	王小军	香榧	宁海	13989396272
78	蒋利云	竹笋	江北	13867822739	91	王肖雄	苗木花卉	宁海	18268638639
79	姚春梅	林业	鄞州	15968466277	92	张士钱	香榧	宁海	15381372222
80	虞如坤	雷竹	奉化	13185992399	93	郑必古	林业	宁海	18106658898
81	鲁勇波	林下经济	余姚	13646661058	94	郑明土	柑橘	象山	13065857308
82	汪国武	果树种植	余姚	13958354728	95	佘卫东	林业	象山	18958299266
83	徐永祥	果树种植	余姚	13606593972	温州				
84	何达峰	果树种植	余姚	13586707769	96	王家云	茶花	瓯海	13705770532
85	茅春苗	杨梅	慈溪	13805826391	97	汤真勇	园林	瓯海	13075752075
86	曹华安	蜜梨	慈溪	13906740846	98	鲁丽华	园林	瓯海	18857737789
87	胡冬益	香榧	宁海	13777294906	99	潘周进	梅花鹿养殖	瓯海	13566198296
88	杨贤挺	油茶	宁海	13685806655	100	金益丰	瓯柑	瓯海	13868620062
89	黄才松	油茶	宁海	13506886965	101	金传高	铁皮石斛	乐清	13868743956

续表

序号	姓名	从事产业	所在县区	联系电话	序号	姓名	从事产业	所在县区	联系电话
102	吴呈勇	铁皮石斛	乐清	13587778885	115	郑九长	林木种苗	永嘉	15988766778
103	曾小华	蓝莓	乐清	15967732135	116	潘光忠	铁皮石斛	永嘉	18858759950
104	蒋正剑	铁皮石斛	乐清	15167787333	117	胡陈雷	油茶	文成	15958780118
105	陈晓玲	铁皮石斛	乐清	13868761377	118	蒋经纬	铁皮石斛	文成	13968916226
106	周坚宏	林下铁皮石斛	乐清	18989776799	119	徐刚	森林康养	文成	13646580003
107	宋敏全	林下铁皮石斛	乐清	13868724968	120	黄绍勇	林下经济	平阳	18957109555
108	吴达锡	马蹄笋	瑞安	13506562280	121	季元华	鲜切花	平阳	13868819518
109	林济成	油茶	瑞安	13655877618	122	李招弟	林下金线莲	平阳	13906875617
110	洪启高	马蹄笋	瑞安	13958863687	123	董大财	林下经济	平阳	13957749888
111	彭启好	马蹄笋	瑞安	13706889759	124	唐照鹏	林下经济	平阳	15167881060
112	张启光	绿化造林	瑞安	13706643789	125	罗祖华	竹艺	泰顺	13567737077
113	郑长永	绿化造林	瑞安	13967757718	126	彭尚进	猕猴桃	泰顺	13958986656
114	王秀英	绿化造林	瑞安	13600648956	127	潘长宋	竹笋	泰顺	15888758877

续表

序号	姓名	从事产业	所在县区	联系电话	序号	姓名	从事产业	所在县区	联系电话
128	郑民敏	猕猴桃	泰顺	13616623097	139	金鸣宏	林业	长兴	13505726633
129	庄期海	猕猴桃	泰顺	15858763686	140	柳乐德	盆景艺术	长兴	15857281234
130	方明和	野生动物	苍南	18857710860	141	吴桂强	水生植物	长兴	13732394084
131	肖若人	中药饮片加工炮制	苍南	13906660042	142	卓可祥	园林绿化	长兴	13735155870
					143	陈邦强	花卉苗木	长兴	13937253539
湖州					144	刘婷婷	花卉苗木	长兴	18268281618
132	王虎根	林业	吴兴	13754208233	145	梁一品	竹笋	安吉	13905821215
133	王梁	竹笋	德清	13757063389	146	黄志强	香榧	安吉	13906820344
134	吴志广	花卉苗木种植	德清	13587207317	147	林龙	林业	安吉	13587937990
135	严桂兴	竹笋	德清	13867256706	148	李熙华	林业	安吉	13705822079
136	方卫斌	林下经济（中药材、菌类）	德清	13706535303	149	崔顺法	林业	安吉	13868281717
137	周会红	早园竹	德清	15067266001	150	李静涛	林下黄精	安吉	18657278122
138	吴加平	花卉苗木	长兴	13906822035	151	张北兴	竹制品加工	安吉	13757225645

续表

序号	姓名	从事产业	所在县区	联系电话	序号	姓名	从事产业	所在县区	联系电话
嘉兴					164	杨健明	林木种苗	海宁	13067639052
152	石胜荣	花卉苗木	南湖	13605735248	165	朱海昌	林木种苗	桐乡	13586311023
153	林兴乐	白桃	秀洲	18967360699	166	吴培江	林木种苗	桐乡	13600556951
154	王起明	花卉	秀洲	13867326999	167	顾林锋	花卉苗木	桐乡	13758305185
155	朱志明	藏红花	秀洲	13957389944	绍兴				
156	韩亮	果树种植	秀洲	13957309511	168	潘常智	花卉苗木	柯桥	15857575129
157	沈勇	花卉	嘉善	13017796180	169	黄天明	香榧	柯桥	0575-85774997
158	唐建勤	水果	平湖	13706730536	170	郑炳奎	油茶	柯桥	13806754979
159	马剑法	水果	平湖	13586341858	171	黄望华	竹笋	柯桥	0575-85769990
160	陆永其	果树种植	平湖	13586307658	172	王军民	香榧	柯桥	13957572030
161	钟伟珍	果树种植	平湖	13757378993	173	郑苗松	花卉苗木	上虞	13905851007
162	严利彪	花卉苗木	海宁	13957357273	174	罗有堂	竹笋	上虞	13806762659
163	李仕民	林木种苗	海宁	13867326999	175	杨易	香榧	诸暨	13587373228

续表

序号	姓名	从事产业	所在县区	联系电话	序号	姓名	从事产业	所在县区	联系电话
176	斯华军	香榧	诸暨	13600637188	189	张军	花卉苗木	嵊州	13858550863
177	陈树茂	花卉苗木	诸暨	13967559198	190	成国军	园林绿化	嵊州	13605859296
178	孙成龙	园林绿化	诸暨	13706857764	191	张永林	香榧	新昌	13967583828
179	陈格	盆景制作	诸暨	13655752363	192	丁强	香榧	新昌	13857581567
180	郑毅刚	花卉苗木	嵊州	13758533988	193	梁永林	薄壳山核桃	新昌	13858593506
181	徐全华	林木种苗	嵊州	13606577829	194	张宽正	红豆杉	新昌	13587311108
182	丁浙洋	毛竹	嵊州	13587358599	195	俞国良	林下白及	新昌	15067561719
183	钱亚来	樱花	嵊州	13858552424	金华				
184	胡红旗	油橄榄	嵊州	18857161829	196	方永根	杜鹃花	婺城	13806783670
185	黄庆烈	香榧	嵊州	13606578627	197	吴芳云	茶花	婺城	13064612640
186	沈亚军	兰花	嵊州	13705851452	198	鲍志贤	桂花	婺城	13505799572
187	叶金红	香榧	嵊州	13757591280	199	包根玉	林下经济	婺城	13735675662
188	陈亦兴	竹笋	嵊州	15857556137	200	王季成	茶花	婺城	13806780598

续表

序号	姓名	从事产业	所在县区	联系电话	序号	姓名	从事产业	所在县区	联系电话
201	陈小文	园林绿化	金东	13757986139	214	李汝芳	林下经济	永康	13626795758
202	程伟达	园林	金东	13819989743	215	任笑容	经济林	永康	13758995128
203	赵萧	林木种苗	兰溪	18658843811	216	李金辉	林下经济	永康	15757969578
204	倪晓军	杨梅	兰溪	13600692393	217	赵文刚	香榧	浦江	13905891991
205	俞巧仙	铁皮石斛	义乌	57989897197	218	江龙相	香榧	浦江	13758910571
206	骆红卫	南蜜枣	义乌	15825781588	219	张进军	林下经济	武义	13967962378
207	陈旭东	古树名木保护	义乌	13806790481	220	潘恒霏	毛竹	武义	15888927875
208	杜祖平	香榧	东阳	18606552186	221	陈浙武	油茶	武义	13566939590
209	康晓勇	香榧	东阳	18757819339	222	张群英	蓝莓	武义	13588642668
210	张军进	香榧	东阳	13566922885	223	王法林	花卉苗木	武义	13516941668
211	任振韶	方山柿	永康	13806774355	224	陈良武	林下中药材	武义	13857929610
212	凌择明	柿子	永康	13665863001	225	金英杰	林木种苗	武义	13819931633
213	俞德红	方山柿	永康	13868956326	226	朱遗荣	林下经济	武义	13758949317

续表

序号	姓名	从事产业	所在县区	联系电话	序号	姓名	从事产业	所在县区	联系电话
227	包金亮	食用菌	磐安	13867992788	239	吴超群	薄壳山核桃	龙游	17767150822
228	傅志华	香榧	磐安	18157963456	240	赖延华	油茶	龙游	13819972228
229	倪伟成	林蜂	磐安	15057821788	241	许金贤	中药材	龙游	13805781719
		衢州			242	陆志华	茶	龙游	13754302067
230	刘春良	花卉苗木	柯城	13587000430	243	孙友业	林下灵芝	龙游	13216287678
231	江东军	油茶	柯城	13325703600	244	祝严骏	毛竹	江山	13587013146
232	方勤三	香榧	柯城	13676617597	245	陈玮	油茶	江山	18605708295
233	陈建国	油茶	柯城	13505700997	246	陈芳根	林下经济	江山	13867007952
234	余正中	毛竹	衢江	13587008171	247	徐汉瑾	香榧	江山	13905701986
235	舒慧云	中药材	衢江	18857008353	248	郑华龙	油茶	常山	13857022798
236	项云翔	林下中药材	衢江	15869076868	249	徐志坚	香椿	常山	13967027127
237	邵才龙	花卉苗木	衢江	13615708563	250	张国良	油茶	常山	13567072798
238	张子卿	林下经济	龙游	13867031673	251	王土根	竹产业	常山	13867011620

续表

序号	姓名	从事产业	所在县区	联系电话	序号	姓名	从事产业	所在县区	联系电话
252	王桂芳	珍贵树种	常山	13867016937	264	程菊红	珍贵树种	温岭	13958683265
253	毛荣良	食用菌	常山	13867012399	265	叶吉云	茶	温岭	13454663191
254	华文音	葛粉	常山	13867015518	266	黄瑞兵	茶	温岭	13958633221
255	王治友	林下羊肚菌	常山	15167065742	267	卢小英	林果	温岭	15381806965
256	许义凤	花卉苗木	开化	13967024112	268	方霞	养蜂业	温岭	13058795979
257	程永忠	油茶	开化	13357008032	269	李亚军	园林绿化工	温岭	13505864899
258	吕新旺	林下经济	开化	18757031999	270	吴昌根	红树林	玉环	13706869731
259	章裕迪	林业	定海	13967230219	271	蒋大鹏	花卉苗木	天台	13586212599
		台州			272	孙明富	珍贵树种	天台	13506768933
260	黄金道	杨梅	黄岩	13867616455	273	范卫平	板栗	天台	13958504809
261	叶剑敏	花卉苗木	路桥	15968689999	274	吴伟茂	林下中药材	天台	15356361801
262	朱建中	珍贵树种	临海	13136575608	275	丁志前	香榧	仙居	15857622938
263	朱立区	林业	临海	13586112691	276	赵均木	油茶	仙居	15967632988

续表

序号	姓名	从事产业	所在县区	联系电话	序号	姓名	从事产业	所在县区	联系电话
277	张旭斌	油茶	仙居	15157658672	289	蒋贤俊	灵芝	龙泉	13587193131
278	泮崇仙	林木种苗	仙居	15157658672	290	雷金水	中药材	龙泉	13757095501
279	张东良	油茶	仙居	15257655788	291	兰灵才	油茶	龙泉	15967265986
280	李信珠	木根雕	三门	13968521982	292	刘伟新	油茶	龙泉	13757863333
281	陈济民	木根雕	三门	13486257523	293	吴纪贤	林下铁皮石斛	龙泉	15857899818
		丽水			294	王德华	油茶机械	青田	13606693256
282	陈刘和	板栗	莲都	13967081178	295	梅阿军	油茶	青田	13666576666
283	陈雄建	油茶	莲都	13967081755	296	蓝小建	蜜梨	云和	15990802318
284	徐建彪	林蜂	莲都	18957044440	297	张安定	种植业	云和	13575391908
285	项永年	食用菌	龙泉	13575370662	298	廖水成	毛竹	云和	13575363368
286	兰秉松	中药材	龙泉	13857085558	299	朱伟清	森林培育	云和	13957063716
287	陈继生	木本油料	龙泉	13587195677	300	柳泽平	经济林	云和	13506503395
288	卓明伟	中药材	龙泉	13735915308	301	叶传盛	林下经济	庆元	13735991721

续表

序号	姓名	从事产业	所在县区	联系电话	序号	姓名	从事产业	所在县区	联系电话
302	吴承根	毛竹	庆元	15990862227	315	李望杰	食用菌	缙云	13506821856
303	吴淑梅	中药材	庆元	15215778567	316	赵中山	林下经济	缙云	13506821132
304	张继荣	香榧	庆元	13625885988	317	赵锦标	园林绿化	缙云	13967068053
305	吴剑雄	中药材	庆元	13375884088	318	邓金发	毛竹	遂昌	13857048052
306	沈从根	甜橘柚	庆元	13906780499	319	潘寿松	香榧	遂昌	13857041732
307	毛永铨	香榧林下中药材	庆元	13867058796	320	徐胡德	中药材	遂昌	13506826183
308	周一帆	竹材加工	庆元	18806880299	321	周巧明	毛竹	遂昌	13884366824
309	何华雯	竹材加工	庆元	18806880321	322	张金梅	中药材	遂昌	15988077231
310	王长梅	林下经济	庆元	13587157010	323	柴樟松	林木种苗	遂昌	13754253253
311	王均生	花卉苗木	缙云	13857092099	324	邝乾军	林下中药材	遂昌	15024697406
312	王军峰	竹荪	缙云	0578-3709999	325	曾小根	林木种苗	遂昌	13857090740
313	陈金根	香榧	缙云	13967068699	326	叶伟华	香榧	松阳	13567606298
314	邓春光	香榧	缙云	13587189029	327	周长献	香榧	松阳	15906446190

续表

序号	姓名	从事产业	所在县区	联系电话	序号	姓名	从事产业	所在县区	联系电话
328	吴养根	香榧	松阳	13967078402	332	宁晓伟	香榧	松阳	18806887188
329	王瑭金	香榧	松阳	13857091188	333	吴金妹	香榧	松阳	15906446104
330	苏国成	香榧	松阳	15988036593	334	何建平	香榧	景宁	13906789390
331	叶学根	香榧	松阳	13754298619